AF357696

LE LANGAGE
DES FLEURS

NOUVEAU VOCABULAIRE

DE FLORE

Contenant la description de toutes les plantes
employées
dans le langage des fleurs

Par Mme DELACROIX

ORNÉ DE NOMBREUSES FIGURES

PARIS

DELARUE, LIBRAIRE-ÉDITEUR

3, RUE DES GRANDS-AUGUSTIN

LANGAGE DES FLEURS

SOUVENIRS. — Vous êtes ma seule consolation.

PERVENCHE — BRUYÈRE — PERCE-NEIGE — ROSE BLANCHE.

LE

LANGAGE DES FLEURS

NOUVEAU VOCABULAIRE DE FLORE

CONTENANT

La description des plantes employées dans le langage des fleurs

PAR

MADAME DELACROIX

PARIS

DELARUE, LIBRAIRE ÉDITEUR

3, RUE DES GRANDS-AUGUSTINS, 3.

PARIS. — IMPRIMERIE ÉMILE MARTINET, RUE MIGNON, 2.

LE
LANGAGE DES FLEURS

A

Abécédaire. — VOLUBILITÉ.

Cette plante, dont le nom, *spilanthus* en latin, est dérivé du grec, porte au centre de ses fleurs des taches qui souvent ont la forme de lettres; on y remarque parfois des figures bizarres dans lesquelles on pourrait chercher une interprétation, mais ce serait inutile en ce qui concerne le langage des fleurs, car ces figures sont toujours différentes et cela nous mènerait loin.

Abricotier (*fleur d'*). — CŒUR INFLEXIBLE.

L'abricotier donne au printemps des fleurs

d'un effet charmant, et plus tard un fruit excellent; cet arbre, originaire d'Arménie, est cultivé chez nous avec le plus grand succès; sa fleur est l'emblème d'un cœur inflexible.

Absinthe. — AMERTUME, CHAGRIN.

L'absinthe est une plante indigène, qui croît en abondance dans le midi de la France; ses fleurs sont insignifiantes, ses feuilles dentées sont d'un vert blanchâtre; les Alpes en produisent beaucoup de variétés; on fait avec cette plante, la liqueur qui porte son nom et dont l'usage est considéré comme un poison lent.

Acacia. — AMOUR PLATONIQUE, SAGESSE.

Il y a un siècle que les forêts du Canada nous ont cédé ce bel arbre, qui déploie dans les bocages son ombre légère et ses fleurs odorantes; sa fraîche verdure semble y prolonger le printemps. Les sauvages de l'Amérique ont consacré l'acacia aux chastes amours. Ces enfants du désert ne savent pas exprimer leurs sentiments par des mots, mais ils en trouvent l'expression dans une branche d'acacia fleuri que la jeune fille reçoit en rougissant. Cet arbre est le symbole d'un amour éprouvé.

> La coquette parfois pardonne à l'inconstance;
>   Brûlant d'une pudique ardeur,
> Femme à grands sentiments pardonne à l'impuissance;
>   Femme à caprice, à la laideur.

Acacia à fleurs roses. — ÉLÉGANCE.

L'acacia à fleurs roses porte dans sa tige touffue de jolies fleurs roses; cet arbre étant taillé se prête à toutes sortes de formes et on lu donne souvent celle d'un parasol; les branches sont couvertes d'une sorte de mousse, et, vu à certaine distance, on le prendrait pour un rosier moussu.

Acanthe épineux. — AMOUR DES BEAUX-ARTS.

> La nature est inimitable,
> Et dans sa beauté véritable
> Elle éclate si vivement,
> Que l'art gâte tous ses ouvrages,
> Et lui fait plutôt mille outrages
> Qu'il ne lui donne un agrément.

Plante herbacée à feuilles très grandes et épineuses, d'un joli port. Ce fut cette plante qui, par son feuillage, inspira à Callimaque l'ornementation de la colonne corinthienne. Ses fleurs sont d'un rouge livide. L'acanthe est originaire d'Italie.

Achillée mille feuilles. — GUÉRISON.

Le feuillage de cette plante est très découpé et ses fleurs sont jaunes, blanches ou pourpres selon les variétés. On emploie l'achillée dans la pharmacie, elle fait partie des plantes indigènes aromatiques.

Adonide d'été. — SOUVENIR TENDRE.

Jolie plante annuelle qui croît d'elle-même dans nos moissons. Transportée dans nos jardins, où elle veut encore se semer d'elle-même, elle se fait remarquer par la découpure très fine de son feuillage, et surtout par l'éclat de ses fleurs, petites, il est vrai, mais d'un rouge très vif; ce qui a fait dire aux poètes qu'elles étaient teintes du sang du bel Adonis tué à la chasse par un sanglier.

> Je suis *adonisé*, dites-vous, belle Iris :
> Pourquoi s'en étonner? La raison en est claire :
> Pour voir une Vénus, Iris, et pour lui plaire,
> Ne faut-il pas un Adonis?

Airelle anguleuse. — AMOUR TRAHI.

C'est à la ressemblance qu'a cet arbuste avec le myrthe qu'il doit son surnom, car il fut jadis appelé *baccinium*, à cause du grand nombre de baies dont il se charge. Dans le fait, haut d'un demi-mètre et plus, il est très rameux et très fourni de feuilles de la forme et de la grandeur de celles du myrthe : ses fleurs en grelot, nombreuses et blanches, se convertissent en baies d'un bleu foncé. On le trouve, en Europe, dans les parties ombragées des bois.

Alcée ou Rose trémière. — BEAUTÉ NOBLE.

L'alcée nous vient d'Orient, sa tige a environ de 4 à 8 pieds. Ses fleurs sont très variées en couleurs, simples ou doubles, du pourpre foncé au jaune clair.

La rose trémière produit un fort bel effet, soit en touffes, ou dans des plates-bandes.

Amandier. — DOUCEUR INALTÉRABLE.

L'amandier est un arbre d'une moyenne grandeur. Il est originaire d'Asie ; il fleurit le premier, au commencement du printemps. La Fable nous rapporte au sujet de cet arbre une aventure assez singulière. Voici ce qui arriva :

Démophon, fils de Phèdre et de Thésée, revenant du siège de Troie, fut le jouet d'une tempête furieuse qui jeta son vaisseau sur les côtes de Thrace où régnait alors la jeune et belle Phyllis. Cette princesse le reçut avec les plus grands égards. La tendre Phyllis ne put voir Démophon sans en être éprise, et bientôt ils devinrent époux... Après quelque temps d'hyménée, Démophon, obligé de s'absenter, promit à sa jeune compagne un prompt retour. Mais, hélas ! il n'appartient pas à l'homme de calculer l'avenir. Phyllis, impatiente de ne point voir revenir son mari, se rendait tous les jours sur le port, afin de découvrir le navire qui devait le lui ramener. Trompée dans ses espérances, un chagrin mortel s'empara de ses sens, et elle succomba à sa douleur. Les dieux la changèrent en Amandier.

Démophon revint ; instruit de son malheur, il en fut inconsolable. Il offrit à Jupiter un sacrifice sur le lieu même où sa bien-aimée avait expiré. Au moment d'invoquer les mânes de son épouse chérie, l'amandier s'agita et fleurit tout à coup.

Cet arbuste a pour signification *Étourderie*. Ce défaut, tout léger qu'il paraît à nos yeux, suffit souvent pour flétrir la fleur de l'innocence.

> O toi, qui sept fois dois renaître
> Avant que nos nœuds soient formés !
> Arbre chéri, pour toi peut-être
> Souvent nous serons alarmés !
> A l'aspect du moindre nuage,
> Nous tremblerons pour ton destin ;
> Nous croirons voir naître l'orage,
> Même au milieu d'un jour serein.

Amarante. — CONSTANCE, IMMORTALITÉ, INDIFFÉRENCE.

Plante annuelle, originaire de l'Inde, et que l'on ne peut obtenir dans sa beauté sans beaucoup de soins et de chaleur. Tout le monde a vu la belle tête qu'elle forme alors, et qui, à l'apparence d'un morceau de velours épais et de couleur amarante, joint souvent encore la forme et les plissures d'une immense crête de coq. Cette tête est composée d'un millier de très petites fleurs, serrées les unes contre les autres et conservant longtemps leur éclat, ainsi que l'indique le mot amarante qui, en grec, signifie inflétrissable.

> Ta louange dans mes vers,
> D'amarante couronnée,
> N'aura sa fin terminée
> Qu'en celle de l'univers.

Amaryllis. — TOUTE BELLE, COQUETTERIE.

Ce nom vient d'un mot grec (ἀμαρύσσω) qui signifie briller. L'Amaryllis à fleur en croix, autrement dite lis Saint-Jacques, *amaryllis formosissima* (Linn.), est ainsi appelée parce que sa fleur, d'un rouge velouté et parsemé d'or, ressemble un peu à l'ordre espagnol de *Saint-Jacques de Calatrava*. Sa racine est un oignon qu'il faut garantir contre le froid. On le multiplie des caïeux qu'il donne, et qui, mis en terre sableuse et non fumée, rapportent des fleurs au bout de trois ans.

Ambrette. — DÉLICATESSE, ÉDUCATION.

C'est absolument le port du Barbeau, et sa fleur, plus grande et d'une charmante nuance de citron, exhale aussi une odeur suave d'ambre. Elle se propage mieux en pot qu'en pleine terre, car elle donne de plus belles fleurs. Le nom qui lui a été donné vient du mot turc *Amberboi* qui signifie : fleur d'ambre. Elle nous vient du Levant.

Ambroisie. — IMMORTALITÉ, PERFECTION.

Arbuste à feuillage étalé, à fleurs purpurines, en grappes, d'une odeur suave. Sa culture est assez difficile. Sa beauté lui a fait donner le nom de nectar, mets réservé aux dieux.

Amourette. — GALANTERIE, GAIETÉ.

Plante indigène à feuilles obovales et dont les

fleurs sont blanches et pointillées de rouge. Il y a une variété qui nous vient des Alpes dont les fleurs blanches sont avec une tache jaune à la base des pétales.

Ananas. — PERFECTION.

Cette plante magnifique, qui croît dans les climats les plus chauds de la terre, se recommanderait par sa beauté seule, quand même son fruit ne serait pas exquis. Nous pouvons affirmer qu'aucune plante ne saurait avoir plus d'éloquence que l'*ananas* : aussi est-il l'attribut de la *perfection*.

Ancolie. — HYPOCRISIE, FOLIE.

Plante vivace et qu'on trouve dans nos bois : elle y serait restée comme bien d'autres si l'on n'y eût remarqué la singularité de ses fleurs, qui consistent en cinq cornets ou capuchons renversés et réunis, d'une belle couleur bleue. La culture a plus que doublé ses dimensions et varié ses couleurs. On en voit dans les jardins de blanches, de bleues, de pourpres, de rouges et de différentes nuances. Il y en a aussi à fleurs doubles; celles-ci ressemblent presque à des petites roses.

Anémone. — CANDEUR, INNOCENCE, PERSÉVÉRANCE.

> La durable anémone,
> De l'éclat qui l'environne
> Embellit les autres fleurs.

Certains amateurs horticulteurs cultivent avec

AMOUR. — Je vous aime.

ROSE — LIERRE — MYRTHE.

des soins particuliers, et pour ainsi dire exclusifs, cette belle fleur dont, en semant, ils ont obtenu des variétés infinies ; elles sont encore doubles ou simples. Les unes et les autres font un grand effet en plate-bande, lorsque les couleurs y sont bien opposées. C'est en nombre qu'il faut mettre les pattes ou racines en terre, pour en avoir les fleurs au printemps ; mais comme elles sont originaires des Indes, et qu'elles craignent les froids et la trop grande humidité, il faut une attention suivie pour les faire bien réussir. *Anémone* est un mot grec qui signifie *fleur du vent*.

Angélique. — SAUVEZ-MOI, EXTASE.

Cette grande plante est l'emblème de l'*inspiration*; on pourrait lui donner aussi celui de l'*extase*. D'après d'anciens auteurs elle guérissait de la morsure des serpents et préservait des chiens enragés. Cette fleur avait aussi l'heureuse qualité de garantir de la peste. Elle avait encore une autre utilité, celle de servir aux enchantements. Il ne fallait pas moins que l'étalage de tant de merveilles pour justifier un si beau nom.

Les poètes grecs et romains se couronnaient de laurier, et pensaient par ce moyen être inspirés d'Apollon par l'intermédiaire de son arbre chéri. Les Lapons ont une croyance différente : ils s'imaginent qu'en se couronnant d'angélique, le diable électrisera leur lyre, échauffera leur muse, et leur inspirera de beaux vers. Cette fleur est non-seulement le symbole de l'*Inspiration*, elle est également celui de l'*Esprit mélancolique* et de l'*Espérance trompeuse.*

Consolez-vous, les beaux jours vont renaître.

Antholyse éclatante. — VANITÉ.

Cette espèce vient du cap de Bonne-Espérance; elle a pour racine un oignon aplati qui, bien cultivé, donne chaque année des feuilles assez longues, en forme d'épée, et une tige que terminent les fleurs. Antholyze est un mot composé du grec, et qui signifie fleur semblable à celle du lis : effectivement il y a quelques rapports entre elles.

Argentine. — TIMIDITÉ, RÉPARATION.

On aime à rencontrer, dans les prés et sur les bords des fossés, cette petite plante vivace dont les branches et les feuilles sont d'un vert assez foncé en dessus et d'un blanc argenté et soyeux par-dessous. Elles donnent des fleurs assez abondantes, grandes en proportion, d'un jaune doré éclatant et qui attire les regards.

Armoise. — AMOUR CONJUGAL.

L'armoise se trouve sur les bords des chemins de nos campagnes. Elle est originaire du midi de la France. Ses fleurs sont insignifiantes, mais son feuillage d'un vert pâle est très découpé. L'armoise exhale une odeur se rapprochant de celle du citron.

Arbre de Judée. — ÉGOÏSME.

Arbre originaire du Levant; transporté en

France, il s'y est acclimaté. Ses feuilles arrondies, et ses fleurs très nombreuses en avril et mai, naissent sur le vieux bois; elles sont de couleur rose. Il y a cependant une variété à fleurs blanches. Cet arbre est l'emblème de l'égoïsme

Aubépine. — DOUX ESPOIR, PRUDENCE.

Ce mot, équivalant à épine blanche et qui a été corrompu par le peuple en celui de *noble-épine*, est le nom d'un arbre de moyenne grandeur, croissant spontanément dans nos forêts. Communément on l'emploie à former des haies, et il y est d'autant plus propre qu'il est armé de fortes épines, et qu'ayant de la disposition à faire buisson, il produit, dès le bas de sa tige, des branches longues, rameuses, et qui s'entrelacent. Tout le monde sait qu'au printemps il fait l'ornement de nos campagnes par la multitude de ses jolies fleurs blanches qui se changent à l'automne en baies rouges et brillantes et deviennent la pâture des merles et autres oiseaux.

B

Balsamine. — IMPATIENCE, DÉDAIN.

L'Inde nous a fourni cette belle plante herbacée et annuelle. Son feuillage, d'un beau vert, est égayé par les couleurs tranchantes de ses fleurs, qui sont doubles ou simples, rouges, violettes ou blanches, ou panachées dans ces couleurs : elles deviennent des capsules vertes, et qui, lorsqu'elles sont mûres, lancent au loin leurs graines, ou se recoquillent subitement dans la main qui les touche ; de là vient le surnom *Impatiens*, qui est dû à l'emploi que les anciens faisaient de cette plante dans certaines compositions.

Basilic. — SOUVENIR DE JEUNESSE.

Plante commune dans nos campagnes, mais cultivée pour son odeur très aromatique, et les fleurs blanches ou purpurines qu'elle donne toute l'année. Il y en a de nombreuses variétés.

Baume des jardins ou Menthe. — VERTU.

Plante originaire d'Angleterre, que nous cultivons dans nos jardins pour son odeur. C'est avec une de ses variétés, la menthe poivrée, que nous préparons les pastilles et plusieurs autres produits de pharmacie.

Belladone. — CHARMES TROMPEURS.

Arbrisseau dont le feuillage est assez touffu. Il donne de petites fleurs d'un rouge terne, en forme de clochettes, qui produisent un fruit vert devenant rouge, puis noir à maturité, et qui a l'apparence d'une petite merise.

Belle de jour, Belle de nuit. — COQUETTERIE.

On donne le nom de Belle de jour aux plantes dont les fleurs s'ouvrent le matin et se ferment à l'approche de la nuit. Au contraire, les fleurs de la Belle de nuit ne supportent ni l'éclat du jour, ni la chaleur du soleil; elles se ferment le matin pour s'ouvrir le soir, au soleil couchant.

Elle est le miroir fidèle d'une petite-maîtresse : le jour l'offusque, mais vient-il à décliner, elle étale alors toutes ses richesses et se fait admirer par ses grâces et ses atours. On trouve en Suède et en Allemagne une plante qui porte le nom de NOCTIFLORA, et qui ne commence à s'épanouir qu'à six heures du soir.

La Belle de jour est le symbole de la coquetterie. La Belle de nuit est l'emblème de la [timidité. *Votre timidité ajoute encore à vos charmes.*

Les fleurs sont les plaisirs du sage ;
Elles enchantent les amants
Qui se servent de leur langage.
De cet art aimable et coquet
La beauté n'est point offensée,
Et souvent mon âme oppressée
Confie aux couleurs d'un bouquet
Les doux secrets de sa pensée.

LA BELLE DE JOUR ET LA BELLE DE NUIT.

Les doux rayons de l'aurore,
Un matin, guidaient mes pas.
Je vois deux filles de Flore,
L'une se pressant d'éclore,
L'autre voilant ses appas.

Aux feux dont l'air étincelle,
S'ouvre la belle de jour;
Zéphyr la flatte de l'aile;
La friponne encore appelle
Les papillons d'alentour.
Coquettes, c'est votre emblème;
Le grand jour, le bruit vous plaît;
Briller est votre art suprême;
Sans l'éclat, le plaisir même
Devient pour vous sans attrait.
L'autre fleur, non moins jolie,
Qui fuit la clarté des cieux,
Des nuits compagne chérie,
Nous montre, en cachant sa vie,
Le vrai secret d'être heureux.
Ainsi l'amante timide
Qui craint les malins discours
Prend le mystère pour guide,
Et, dans l'ombre, court à Gnide
Jouer avec les Amours.
S'il est un sort désirable,
C'est de pouvoir enflammer
Nymphe tendre, douce, affable,
Qui, le jour, sache être aimable,
Et qui, la nuit, sache aimer.

Blé (*Épis de*). — ESPOIR, FERTILITÉ.

Manger son blé en vert est grande extravagance.

Qui de nous n'a pas vu par un beau jour d'été les épis se ployer sous le zéphyr, en produisant des ondulations variées? qui de nous n'a pas vu tomber sous la faucille du moissonneur ces épis dorés par le soleil? Heureux symptômes d'une récolte abondante! L'Épi de Blé est le symbole de l'espoir et de la fertilité.

Bluet. — PURETÉ DE SENTIMENTS.

Autrement dit BARBEAU; tels sont entre autres les noms de la fleur d'une plante annuelle et très commune dans nos moissons. Sa belle couleur bleue lui vaut d'être pour nos villageoises une parure que les dames de la ville ne dédaignent point. Transporté dans les jardins, le bluet y devient plus beau et plus fécond, parce qu'il n'est point étouffé; il y a donné des variétés blanches, pourpres, et de différentes nuances. Enfin on l'appelle aussi casse-lunettes, parce qu'on lui a attribué la vertu de guérir les maux d'yeux : c'est le *Centaurea cyanus* de Linné.

> C'est le bluet que pour vous ma main cueille,
> D'un simple cœur il exprime les vœux;
> Douce amitié, c'est ton emblème heureux :
> Jamais serpent n'est caché sous sa feuille.

Boule de Neige. — CALOMNIE, REFROIDISSEMENT.

Le blanc pur des fleurs et leur disposition en boules ou têtes est la cause du nom français de cet arbuste, que l'on trouve sauvage dans les parties humides de nos forêts : il fait le charme de nos bosquets au printemps. Comme les fleurs de cette variété sont stériles, on ne peut la multiplier que de rejetons ou de marcottes.

Bouton d'or. — RICHESSE, INGRATITUDE.

La forme arrondie et la couleur jaune dorée et brillante des fleurs de la *Renoncule rampante,*

Ranunculus repens, lui ont valu ce nom trivial. Cette plante sauvage et à fleurs simples est naturelle aux endroits frais des environs de Paris. On n'a admis dans les jardins que la variété à fleurs doubles. Elle en donne en abondance au mois de mai ; mais celles-ci ne produisent pas de graines. Les renoncules aimant les lieux humides, on leur a encore donné le nom travial de *Grenouillettes* ce qu'exprime le mot latin *Ranunculus*.

Bouton de rose. — JEUNE FILLE.

Pline appelle la Rose la reine des fleurs, l'ornement des jardins et la panacée d'une infinité de maladies, et Pline a raison. Il n'y a rien de supérieur, peut-être rien de comparable à un bouton de rose qui va s'épanouir, dit Valmont de Bomard. Aussi n'y a-t-il pas de fleur que les poètes aient plus célébrée que la rose, et de nom qui convienne mieux à une jeune fille que ceux de Rose, Rosette. Un auteur nous rapporte que l'empereur Galien logeait pendant le printemps dans des berceaux de roses.

> Oui, tout est séduisant, tout intéresse et plaît,
>   Tout est charmant dans une *rose* :
> Pour orner la bergère, en un simple corset
>   Que faut-il ? Un *bouton de rose* :
> Si la pudeur s'unit par un si doux attrait,
>   C'est sous l'emblème de la *rose*.
> Des vers d'Anacréon que n'ai-je le couplet !
>   J'immortaliserais la *rose*.

Bruyère. — SOLITUDE.

Plante qui s'élève en forme de petit arbuste. On

l'a cultivée et elle a produit de jolies petites fleurs rouges ayant la forme d'un calice renversé.

Buis. — SOLIDITÉ, STOÏCISME.

Arbre indigène, élevé dans de certaines contrées ; arbrisseau de 12 à 15 pieds dans nos climats. Nous nous en servons principalement pour dessiner les allées de nos jardins, en l'employant pour faire des bordures.

C

Capucine. — FEU D'AMOUR, RAILLERIE.

On connaît cinq espèces de capucines, toutes originaires d'Amérique. Ce sont des plantes herbacées, dont les tiges sont faibles, étalées ou grimpantes. Les feuilles alternes sont ordinairement ternées ou digitées. Les pédoncules sont longs, axillaires et uniflores ; ses fleurs sont remarquables par leur belle couleur jaune orangé, ou ponceau fort éclatant.

La capucine commune est celle qu'on cultive le plus.

La fille du célèbre Linné observa la première qu'avant le crépuscule, les fleurs de la capucine lancent des étincelles électriques.

Cèdre. — MAJESTÉ, DIGNE DE L'IMMORTALITÉ.

Le cèdre est originaire d'Asie. Il est le plus grand de tous les arbres.

> Dieu sait changer, par un souffle puissant,
> Le roseau faible en cèdre du Liban.
>
> (VOLTAIRE.)

Le bois de cèdre est incorruptible et presque immortel. Cette propriété lui vient de son amertume, qui empêche les vers d'en approcher. C'est pour cela que les anciens se servaient de planches de cèdre pour écrire les choses d'importance, comme on le voit par ce passage de Perse :

> Et *cedro* digna locutus.

Ce fut dans un de ses voyages que M. de Jussieu donna à la France le cèdre du Liban. Il avait apporté deux pieds de cet arbre dans son chapeau. L'un d'eux élève aujourd'hui sa cime au-dessus des plus grands arbres du Jardin des plantes.

Cerisier. — INDÉPENDANCE.

> Quand Lucullus, vainqueur, triomphait de l'Asie,
> L'airain, le marbre et l'or frappaient Rome éblouie,
> Le sage dans la foule aimait à voir ses mains
> Porter le *Cerisier* en triomphe aux Romains.
>
> (DELILLE.)

C'est en effet de Cérasunte, en Cappadoce, que Lucullus apporta cet arbre que les Latins ont appelé *Cerasis*, d'où nous avons tiré le mot cerisier.

Et l'Europe lui dut les premières *cerises*.

Madame de Sévigné, parlant des fables de La Fontaine, disait : C'est un panier de cerises ; on veut choisir les plus belles, et le panier reste vide.

Champignon. — FORTUNE RAPIDE.

Craignez le champignon, délice des festins,
Que l'art fait chaque jour naître dans nos jardins.

Le champignon croît dans la plupart de nos forêts ; ses variétés sont nombreuses, mais beaucoup sont un poison violent. Le champignon nommé *ceps*, qui croît dans le midi, aux environs de Bordeaux, est excellent ; mais dans le nord, où les espèces sont en plus petit nombre, il s'en trouve qui croissent au pied des chênes, sur les mousses, etc., qui sont très vénéneux et capables d'empoisonner.

Sachez donc discerner quel est le champignon
Qui cache sous sa voûte un germe de poison.

Chanvre. — UTILITÉ.

Le chanvre que l'on cultive dans le midi de la France, et qui sert à faire des toiles renommées, est originaire de la Perse, d'où il passa en Égypte. Il nous est venu de cette dernière contrée.

Le Berry a été de toute antiquité renommé pour ses chanvres.

Châtaignier. — RENDEZ-MOI JUSTICE.

Un des plus beaux arbres de nos forêts. Il tire

BONTÉ. — Vous êtes adorable.

FRAISE — MIGNONNETTE — TULIPE.

son nom de la ville de Castanel dans la Magnésie. Du mot châtaigne, son fruit, nous avons fait châtain, c'est-à-dire de la couleur de la châtaigne.

On prétend que c'est à l'amour des blondes pour les bruns et des brunes pour les blonds, que nous devons les châtains.

Chélidoine. — SOINS MATERNELS.

On ne la voit que trop communément dans les endroits incultes et ombragés, sur les vieux murs. Elle ne doit sa réputation qu'aux fables dont elle est l'objet : on a prétendu que l'hirondelle (en grec chelidôn) s'en servait pour rendre la vue à ses petits aveuglés, et ce conte populaire lui fait encore donner le nom d'*Éclaire*.

Chêne. — FORCE, LONGÉVITÉ.

Le roi de nos forêts. Les Gaulois nos ancêtres avaient la plus grande vénération pour cet arbre. Ils lui rendaient une sorte de culte ; et, dans les forêts qu'il peuplait, ils éprouvaient cette terreur religieuse qui leur fit croire que les chênes de Dodone prononçaient des oracles. Les druides en cueillaient le gui au printemps. C'était le signe de la nouvelle année; de là, l'ancien dicton : « Au gui, l'an neuf. »

O vous, dont tant de fois je peignis le feuillage,
Chênes! recevez-moi sous votre vaste ombrage.
Du haut de vos rameaux, versez-moi la fraîcheur :
Je viens chercher vers vous un instant de bonheur.

Oiseaux que le poète au char de Cythérée
Attelle, malgré vous, sous la voûte éthérée,

L'ermite, dans le chêne, a su creuser pour vous
Un asile commode et libre autant que doux.
Souvent, de vos baisers écoutant le murmure,
Et rêvant à l'amour, ce roi de la nature,
Il songe à ces moments d'orage et de plaisirs
Dont le sage chérit et craint les souvenirs.

Chèvrefeuille. — LIENS D'AMOUR.

Nous avions dans nos bois un chèvrefeuille qui avait pris place dans les jardins. On recherche de préférence la variété dont les feuilles ne tombent point, et sur laquelle on trouve souvent en hiver des bouquets de fleurs. Cette espèce et sa variété croissent naturellement dans le midi de la France.

De mes deux moitiés la première
Donne du lait à la bergère ;
L'ombre que donne ma dernière
Du hâle préserve son teint,
Et de mon tout elle sait faire
Un bouquet qui pare son sein.

Chiendent. — PERSÉVÉRANCE.

Quoi ! le cèdre orgueilleux
Sur le Liban domine et touche aux cieux,
Et du chiendent l'on parlerait encore !

Cette plante est la plus commune qui puisse exister dans nos contrées. Nous avons une espèce à feuilles panachées qui se trouve cultivée dans nos jardins ; elle sert à orner les bouquets de fleurs.

Lorsque les chiens ou les chats se sentent malades, la nature les invite à manger les feuilles du gramen qui les purge et les guérit; ce qui a fait donner à cette plante le nom de *chiendent*.

Chrysanthème. — DIFFICULTÉS.

Des rayons blancs et marqués tous à la base d'une tache jaune qui forme anneau autour d'un disque brun, telle est la description de cette fleur assez belle et que produit une plante annuelle venue de Barbarie. Chrysanthème signifie en grec *fleur dorée*, et convient au moins au chrysanthème ordinaire, qui a des fleurs jaunes.

Ciguë. — TRAHISON, INCONDUITE.

Herbe vénéneuse qui ressemble fort au persil.

> La génisse, au retour de la verte saison,
> Ne peut, sous la rosée et dans l'herbe menue,
> Distinguer à l'odeur l'infidèle ciguë.
> Elle meurt; l'ignorance accuse en vain le sort:
> Un berger plus instruit eût prévenu la mort.

La ciguë est devenue fameuse par l'usage qu'on en faisait à Athènes; c'était un poison que l'on employait pour faire périr ceux que l'Aréopage avait condamnés à mort. Le nom de cette plante est inséparable dans notre esprit de celui de Socrate, qui fut condamné à boire la ciguë.

Ciste. — JALOUSIE.

Plusieurs arbrisseaux de ce nom sont étrangers, et sont cultivés pour la beauté de leurs fleurs. Le *Ciste hélianthème* est une plante vivace, basse et ligneuse, formant des touffes assez larges par le nombre de ses tiges et de ses branches qui couvrent, pendant tout l'été, une grande quantité de fleurs blanches ou rosées : elles s'ouvrent principalement au soleil, de là lui vient ce nom de fleur du soleil.

Citronnier. — DÉSIR D'UNE CORRESPONDANCE.

C'est de Médie que nous vient le citronnier. On appelait d'abord les citrons : Pommes de Médie.

> De mets sucrés, secs, en pâte ou liquides,
> Les estomacs dévots furent toujours avides ;
> Le premier massepain pour eux, je crois, se fit,
> Et le premier *citron* à Rouen fut confit.

Selon Lémeri, les femmes de la cour, au dernier siècle, portaient en main des citrons doux, qu'elles mordaient pour se rendre les lèvres plus vermeilles.

Cognassier. — BONHEUR, FÉCONDITÉ.

Le cognassier est originaire du Japon. Il s'est acclimaté en France, où il nous sert pour greffer la plupart des espèces du poirier ; ses fleurs sont très larges et d'un rose clair.

Coquelicot. — REPOS, CALME.

Ce pavot vient naturellement chaque année dans nos moissons, et s'y fait remarquer par la couleur vive de ses fleurs, qui sont rouges comme des crêtes de coq, d'où vient son nom français ; il porte encore le nom de ponceau, mot évidemment corrompu de l'adjectif latin *puniceus*, qui exprime cette couleur. Il existe un nombre infini de coquelicots panachés de plusieurs couleurs, ou seulement bordés de blanc ; beaucoup sont à fleurs doubles.

Coquelourde. — SIMPLICITÉ.

Plante bisannuelle, couverte d'un duvet blanchâtre, sur lequel se détache la couleur fine et cramoisie de ses fleurs. Elle croît d'elle-même dans les campagnes, d'où on l'a fait passer dans les jardins ; on y accueille de préférence la variété à fleurs doubles.

Coudrier ou noisetier. — ERREUR, PRÉJUGÉS.

Arbrisseau dont nos forêts sont peuplées et dont le fruit est recherché. Les Romains connurent le noisetier. Ils appelaient les noisettes, noix du Pont, parce qu'elles leur venaient de ce royaume, situé en Asie.

> Comme une nymphe sauvage,
> Toujours j'habite les bois ;
> L'ombre d'un épais feuillage
> Semble avoir fixé mon choix.
> Souvent dans un jour de fête,
> On voit de jeunes amants
> A rechercher ma conquête
> Passer leurs plus beaux moments.
>
> Dans ma taille rondelette
> Je plais à tous à la fois,
> Mais quoique simple et jeunette,

Je suis dure, même aux rois.
Pourtant avec quelqu'adresse
On peut vaincre cette humeur ;
Quand un jouvenceau me presse,
Il obtient enfin mon cœur.

De la beauté la plus fière,
Ainsi finit la rigueur ;
L'amour s'y prend de manière
Qu'elle connaît un vainqueur :
A votre ardeur si Lisette
Paraît ne pas s'émouvoir,
Bergers, voyez la noisette,
Et livrez-vous à l'espoir.

Cyclamen. — PLAISIRS PASSÉS.

Une touffe basse, mais très étendue et formée par une multitude de feuilles en cœur, d'un vert foncé dans leur centre et bordées de panachures blanches et symétriques, aurait été une recommandation suffisante pour faire accueillir cette plante dans les jardins ; mais à cet avantage de toute l'année, elle joint encore celui de donner d'abord au printemps, et encore une seconde fois en automne, un grand nombre de fleurs agréables, renversées, très singulières, blanches ou rosées. C'est de cette disposition qu'ont les tiges florales de se rouler en cercles concentriques qu'a été donné le nom de *cyclamen* à cette plante, appelée encore *l'ain de pourceau*, parce que cet animal en recherche avec avidité la racine, qui est grosse et charnue.

Cyprès. — LARMES, DEUIL.

Le cyprès est un arbre toujours vert, et dont le

bois se corrompt difficilement. C'est pour cela qu'il était autrefois employé pour les cercueils. Les anciens faisaient planter des cyprès autour de leurs tombeaux, ce qui l'a fait regarder comme le symbole de la solitude et de la tristesse.

> Fidèle ami des morts, protecteur de leur cendre,
> Ta tige, chère au cœur mélancolique et tendre,
> Laisse la joie au myrte et la gloire au laurier;
> Tu n'es point l'arbre heureux de l'amant, du guerrier,
> Je le sais, mais ton deuil compatit à nos peines...

D

Dictame blanc. — VOUS M'ENFLAMMEZ.

Des feuilles composées de folioles et assez semblables à celles du frêne ont fait donner aussi le nom de *fraxinelle* à cette très belle plante. Elle fait de grosses touffes et se charge de longs épis de fleurs fort belles, pourpres ou blanches, exhalant une odeur aromatique agréable.

Digitale pourpre. — VOUS N'ÊTES QUE BELLE.

D'une rosette de feuilles couchées à terre, grandes et d'un beau vert, s'élèvent à la hauteur de plus d'un mètre une ou deux tiges ornées de quelques feuilles et terminées par un long épi de fleurs en cloche allongée, assez grandes pour recevoir le bout du doigt comme le ferait un dé à coudre (en latin *digitale*). Elles sont pendantes et couchées les unes sur les autres, rangées sur le même côté de la tige, et d'une couleur rose pourprée tendre, marquée dans l'intérieur de points plus foncés.

E

Echelle de Jacob. — GUERRE, RUPTURE.

Nous avons reçu cette plante de la Grèce où elle croît naturellement, et on l'a cultivée dans les jardins parce qu'elle est vivace et fort belle; elle orne encore pendant longtemps nos parterres de ses épis de fleurs bleues.

Eglantier. — POÉSIE, SIMPLICITÉ.

L'églantier ou rosier des haies nous donne la rose appelée rose des haies, églantine et rose de chien. Ses fleurs nombreuses, mais petites et simples, ne durent guère, et ont peu d'apparence. Elles donnent un fruit rouge, appelé d'un nom vulgaire. L'arbrisseau entier est couvert d'aiguillons très piquants et redoutables. Il n'est cependant pas négligé ; on l'accueille dans les jardins, où on ne lui conserve qu'une tige à laquelle on laisse prendre la hauteur nécessaire pour y greffer la sorte de rose que l'on veut.

> Je suis une simple fleurette,
> Mais d'Iris j'orne la houlette.

L'églantine est la fleur des poètes. Ses piquants sont l'emblème des difficultés qu'on éprouve dans la poésie. Avant de cueillir une rose, que d'épines il faut arracher !!!

Les Arabes font sur cette fleur des comparaisons charmantes : ils croient voir en elle une jeune beauté, dont les attraits semblent d'autant plus piquants que sa parure est plus simple.

Éphémère de Virginie. — QUALITÉS.

Le mot « éphémère » exprime tout ce qui ne dure qu'un jour, et convient bien aux fleurs de cette plante vivace et de pleine terre. Elle console du peu de durée de ses fleurs par le grand nombre qu'elle en donne à la fois et pendant longtemps.

L'éphémère se propage par le semis ou par l'éclat de ses touffes.

Epine vinette. — FUITE, REPENTIR.

Arbuste venant toujours en buisson, et croissant de lui-même dans les endroits âpres et incultes de notre climat. L'élégance et le vert tendre de son feuillage lui ont valu d'être transporté dans nos bosquets, où il paie bien la place qu'on lui donne; d'abord au printemps, en se couvrant de grappes bien fournies de fleurs petites, mais faisant un bon effet par leur couleur d'un joli jaune; et ensuite en automne, par un grand nombre de fruits allongés, d'un rouge éclatant, d'une saveur très acide, et dont on fait des confitures renommées.

Epine. — REMORDS, INSOUCIANCE.

Milton, devenu aveugle, avait épousé une femme fort belle, mais d'une humeur difficile. Lord Buckingham dit un jour à ce poète que sa femme était une rose : « Je n'en puis juger par les couleurs, répondit-il, mais j'en juge par les épines. »

Eupatoire. — AMOUR PATERNEL.

C'est encore un habitant des endroits aquatiques, et propre à orner et varier le bord des eaux de nos grands jardins. Il y fera des touffes assez hautes et épaisses par le nombre et la hauteur de ses tiges nombreuses et que couronnent, vers la fin de l'été, des fleurs pourpres très petites, il est vrai, mais rassemblées en nombre, et formant des corymbes ou espèces de parasols.

F

Figuier. — MODESTIE, RECONNAISSANCE.

Arbre originaire d'Asie, à feuillage découpé, et dont le fruit, nommé figue, ressemble à une petite poire plissée et d'un beau vert. On l'a acclimaté dans le midi de la France, où il donne des fruits en abondance. L'Écriture nous apprend que quand Ève eut péché, elle eut honte de sa nudité, et qu'elle se couvrit de feuilles de figuier.

> D'une simple gaze vêtue,
> Lise en public se montrait presque nue ;
> Un jour elle reçoit un très joli panier,
> Et quoi dedans? des feuilles de figuier.

Fougère. — PARFUMS, DÉLICES.

Plante qui croît dans nos forêts et dont quelques espèces ont un feuillage vert très découpé. On la cultive dans nos jardins comme plante d'ornement. Une cruelle famine désola la France en 585. On se trouva réduit à faire du pain avec des racines de fougère, et une douloureuse expérience démontra que cette nourriture était plus propre à

CANDEUR. — Vous avez jeunesse et beauté.

PENSÉE BLANCHE — LISERON — RENONCULE — BOUTON DE ROSE.

avancer la mort qu'à prolonger la vie de ceux qui s'en nourrissaient.

> Au village, mieux qu'à la ville,
> Du dieu d'amour on suit les lois ;
> On trouve toujours, dans nos bois,
> Une ardeur constante et tranquille ;
> Cupidon, au palais des rois,
> Regrette une simple bergère ;
> Sous le dais il dort quelquefois,
> Mais rarement sur la fougère.

Fraisier. — PARFUMS, DÉLICES.

Les parties fraîches et ombragées de nos bois sont la patrie naturelle de cette plante, qui s'y fait remarquer par des touffes de feuilles plissées et d'un beau vert, par ses jolies fleurs blanches et abondantes, et surtout par ses fruits le plus ordinairement d'un beau rouge, mais toujours pleins d'un suc savoureux et parfumé.

Fritillaire impériale. — FIERTÉ, LACHETÉ.

Elle mérite un si beau surnom pour son port majestueux et par sa belle couronne de fleurs. Quoique originaire de Perse, cette belle plante ne craint point nos hivers.

G

Géranium. — ESTIME, FIDÉLITÉ.

C'est du cap de Bonne-Espérance que nous est venue cette plante vivace, un peu ligneuse, et dont les fleurs nombreuses et d'un rouge très éclatant brillent dans nos jardins pendant tout l'été. L'enveloppe de leurs graines s'allonge en mùrissant et alors ressemble assez à une tête de grue, qui se dit en grec : *geranos*. Les feuilles de cette espèce ont un peu la forme de celles de la vigne, et sont marquées d'une zone, c'est-à-dire d'un cercle rougeâtre.

Glaïeul. — OUBLI.

La tige du glaïeul est haute de 70 à 80 centimètres environ, noueuse, un peu purpurine à son sommet, où sont attachées par ordre, et seulement d'un côté, six ou sept fleurs, grandes, rougeâtres quelquefois blanches ou bleuâtres; chaque fleur est composée d'une feuille à six découpures, rétrécies en tuyau par le bas, et évasées en haut en manière de gueule. Le nombre des variétés du glaïeul est considérable, chaque année nous en donne de nouvelles variétés.

Grenadier. — FATUITÉ, ORGUEIL.

Les Romains l'ont vu pour la première fois aux environs de Carthage; à cause de cela ils lui ont donné le nom de *punica*, qui veut dire la carthaginoise; ils ont appelé la belle couleur rouge de ses fleurs *color puniceus*, et c'est de ce dernier mot que nous avons fait notre mot *ponceau*, qui exprime la même chose. Le grenadier s'est acclimaté dans nos départements méridionaux, où il reste en pleine terre, et donne de bons fruits aussi gros que nos grosses pommes, couverts d'une écorce très ferme, et remplis d'une infinité de graines enveloppées d'une pulpe succulente et un peu acide que l'on a du plaisir à sucer.

H

Héliotrope. — ENIVREMENT, ATTACHEMENT.

Sur une longue tige à la terre attachée,
Ma tête, incessamment vers le soleil penchée,
Tourne vers ses regards mon diadème d'or.
Je suis fleur, et pourtant je suis amante encor.

Cette plante n'a pas une très grande apparence; ses fleurs d'un bleu pâle sont très petites et placées au bout des rameaux; elles répandent une odeur des plus suaves. L'héliotrope périt souvent l'hiver par le froid ou l'humidité; pendant l'été, il ne donne beaucoup de fleurs qu'autant qu'on l'expose au soleil, et qu'on lui donne beaucoup d'eau. Son nom, qui est grec, signifie : qui tourne au soleil.

Hellébore (*rose de Noël*). — BEL ESPRIT.

Souvent notre bon sens malgré nous s'évapore
Et nous avons besoin tous d'un grain d'hellébore.

L'hellébore a le mérite de fleurir depuis décembre jusqu'à février. Nos ancêtres employaient la racine de cette plante pour guérir la folie. C'est pour cela sans doute qu'on en recommande l'usage aux poètes. Un mauvais plaisant soutenait un jour à un des meilleurs poètes lyriques du siècle de Louis XIV que tous les poètes étaient atteints de folie; celui-ci lui répondit par cette improvisation :

J'en conviens avec vous,
Oui, tous les poètes sont fous;
Mais en voyant ce que vous êtes,
Tous les fous ne sont pas poètes.

Hortensia. — FROIDEUR, BEAUTÉ.

Arbuste introduit de la Chine dans les jardins d'Europe, où il mérite et tient un rang distingué par son beau feuillage, et surtout par la belle couleur rosée de ses fleurs disposées à peu près comme celles de la boule de neige, mais dont les têtes sont beaucoup plus grosses et plus nombreuses. Il dure plus de deux mois dans sa beauté et fait souvent la parure des appartements, dont il faudrait l'exclure s'il avait la moindre odeur. Son nom, dérivé du mot latin *hortus*, qui signifie jardin, exprime qu'il en est un des plus doux ornements.

Hyacinthe. — AMOUR CHAGRIN.

Mille variétés dans les nuances de rouge, de bleu, de pourpre, de violet, de blanc, et même de jaune, des grappes souvent énormes de fleurs d'un volume considérable, excessivement pleines, et dont les pétales du cœur sont d'une couleur ou tranchante, ou heureusement mariée avec celle des pétales du tour, enfin une odeur très agréable : telles sont les qualités qui ont mérité une juste réputation à cette plante, que les curieux recherchent avec tant d'ardeur, et dont ils font leurs délices. La racine est un oignon plus ou moins gros et de couleur différente, selon la variété : on le met en terre au mois d'octobre, pour fleurir au mois de mars ou avril. Cette belle fleur a été, ainsi que le disent les poètes, teinte du sang du bel Hyacinthe, qu'Apollon tua en jouant au disque.

I

If. — TRISTESSE.

Dioscoride, Galien et Pline, suivis de toute l'antiquité, ont regardé l'if comme un poison, et Jules César dit que Cativulcus, roi des Éburoniens, s'empoisonna avec le suc de l'if. On dit que si l'on jette de l'if dans l'eau dormante, les poissons en deviennent tout étourdis, et qu'on peut les prendre avec la main. Ces croyances sont un peu usées aujourd'hui, quoiqu'il y en ait qui ont prétendu que l'ombre même de l'if était dangereuse. Nous cultivons cet arbre comme ornement dans nos jardins.

Cieux! gardez vos eaux fécondes
Pour le myrte aimé des dieux;
Ne prodiguez plus vos ondes
A cet if contagieux.
Et vous, enfants des nuages,
Vents, ministres des orages,
Venez, fiers tyrans du nord,
De vos brûlantes froidures
Sécher ces feuilles impures
Dont l'ombre donne la mort.

J.-B. ROUSSEAU.

Immortelle. — CONSTANCE, ÉTERNITÉ.

On a donné ce nom à plusieurs plantes dont les fleurs ont la faculté de retenir longtemps leurs pé tales et leurs couleurs, même quand elles sont desséchées. Leurs racines traçantes et peu délicates poussent des tiges couchées à terre, blanchâtres et comme couvertes d'un duvet blanc. Celles-ci donnent des têtes de fleurs blanches arrondies en boutons. Elles peuvent servir à faire des bouquets pendant l'hiver.

> L'amour est cette fleur si belle
> Dont Zéphire ouvre les boutons ;
> Mais l'amitié, c'est l'immortelle
> Que l'on cueille en toute saison.

Iris. — ÉLOQUENCE.

Une masse de racines charnues, blanches et odorantes, donnent naissance à des souches courtes d'où sortent des touffes aplaties de feuilles lougues et semblables à des lames d'épée. Du milieu de ces touffes s'élèvent des tiges vertes, terminées par cinq ou six fleurs très belles, grandes, très singulières, barbues, ou d'un beau violet, ou d'un bleu tendre, mais toujours avec des lignes et des taches jaunes et pourpres. Elles exhalent une odeur de fleur d'oranger. La plante est vivace et des plus rustiques. Les couleurs variées de ces fleurs approchent de celles de l'arc-en-ciel ou iris, dont on lui a donné le nom.

Ivraie. — VICE.

Mauvaise herbe qui croît parmi le froment et qui a la fâcheuse propriété d'enivrer.

Ixia. — TOURMENT.

Genre très nombreux venant du cap de Bonne-Espérance, et dont toutes les espèces ont pour racine un oignon plus ou moins volumineux, mais toujours fort petit. Les feuilles aplaties et longues sont aussi plus ou moins larges et longues. Les fleurs, qui varient également en nombre, grandeur, nuances et couleurs, sont toutes composées d'un tube qui s'évase en six divisions plus ou moins arrondies, et auxquelles on a trouvé quelque ressemblance avec la roue du fameux Ixion, d'où leur a été donné le nom d'Ixia.

J

Jacinthe blanche. — DÉSESPOIR.

Dans la jacinthe un bel enfant respire :
   J'y reconnais le fils de Piérus ;
Il cherche encor les regards de Phébus ;
Il craint encor le souffle de Zéphire.

3.

La jacinthe est une de ces fleurs chéries des amateurs de la belle nature, et elle le mérite à bien des titres. Cette fleur est originaire de l'Orient et se trouve aussi dans les Indes. Sa beauté la fait rechercher dans tous les pays.

La jacinthe est composée d'un oignon, de racines, de fanes, de tiges, de fleurs et de graines. Du centre des feuilles s'élève une tige, l'extrémité de cette tige supporte les fleurs, qui diffèrent en grandeur et en coloris, suivant les diverses espèces.

Il y a d'aimables diversités de couleurs dans les jacinthes; il y en a de blanches, de bleues, de couleur rose, de rouges et de jaunes.

Jasmin d'Espagne. — VOLUPTÉ.

C'est un arbrisseau grimpant, originaire des Indes, d'où il nous est venu. Les fleurs, plus grandes que celles des autres, sont réunies en petits bouquets : teintées de rose au dehors, elles sont en dedans d'un blanc pur qui contraste bien avec le joli vert de son feuillage élégant. Le plus ordinairement on nous l'envoie de Gênes tout greffé sur le jasmin ordinaire. Il faut pendant l'hiver le tenir en orangerie. Il y a plusieurs variétés de jasmin : le jasmin des Açores, le jasmin de Virginie, le jasmin jonquille, qui sont toutes cultivées en France.

Jonc. — NAVIGATION, DOCILITÉ.

Le jonc est une plante aquatique qui pousse

dans les rivières et marais. L'emploi du jonc est connu de tout le monde.

Jonquille. — DÉSIR, JOUISSANCE.

Il n'est pas de bouquet de printemps que n'orne et ne parfume la jolie fleur jaune du narcisse à feuille de jonc, autrement dite jonquille. Elle est produite par un oignon petit et allongé qu'on nous a apporté du Levant.

LA JONQUILLE.

Non, ce n'est plus le temps
De la persévérance;
Non ce n'est plus le temps
Des fidèles amants.
Je couronne leurs feux, je finis leur souffrance,
Je mets enfin le comble à leurs contentements.
De mes faveurs quelle est la récompense ?
Je suis le prix de la constance,
Et fais souvent des inconstants.
Non ce n'est plus le temps
De la persévérance ;
Non, ce n'est plus le temps
Des fidèles amants.

Joubarbe des toits. — ESPRIT, BIENFAISANCE.

La joubarbe croît sur les toits de chaume. C'est une plante grasse dont les feuilles sont employées pour la guérison des coupures. Elle est l'emblème de la bienfaisance et de l'esprit.

K

Kalmie. — CROYANCE.

> Vous avez beau charmer, vous aurez le destin
> De ces si fraîches fleurs, ne vivant qu'un matin.

C'est une fleur qui vient naturellement dans les bois humides et ombragés de l'Amérique septentrionale. Pierre Collinson l'apporta en Angleterre, d'où elle fut ensuite introduite en France.

Les fleurs de la kalmie passent pour être nuisibles aux chevaux et aux brebis. Elle est le symbole de la *croyance;* son attribut est gémissement.

> L'automne a fui; dans nos vallées
> L'hiver ramène les frimas;
> Déjà les Grâces, désolées,
> Ont cessé d'y porter leurs pas.
> En nous quittant, Flore te laisse
> Pour te consoler des beaux jours:
> Ainsi quelquefois la vieillesse
> Dérobe une fleur aux amours.

Ketmie. — PLAISIR.

Arbrisseau apporté de Syrie au temps des croi-

CONFIDENCE. — Soyons discrets.

MAUVE — HEPATICA — ONONIS.

sades : il s'est naturalisé au point de ne pas craindre nos hivers. On le tient donc en pleine terre où il brille pendant l'été par le nombre infini et la succession de ses fleurs, grandes et belles, simples ou doubles, blanches ou pourpres, et souvent panachées de ces deux couleurs.

L

Laitue. — LAIT, ENFANT, NOURRICE.

La laitue nous est étrangère. Elle nous fut apportée de Rome par Rabelais, célèbre curé de Meudon, mort en 1553. La laitue fut ainsi appelée, parce qu'elle est de toutes les plantes celle qui donne le plus de lait.

> Une jeune laitue, au soleil de l'hiver,
> Bravant le long d'un mur l'inclémence de l'air,
> Sait, aux jours du printemps, de sa feuille agréable,
> Vous payer son tribut et parer votre table.

Les anciens mangeaient des laitues le soir, pour se procurer du sommeil. Galien a appelé la laitue l'herbe des anciens sages.

Laurier-rose. — TRIOMPHE.

> Au milieu des hivers, le laurier tour à tour
> Chez moi se mêle encore à la rose d'amour.

Le laurier-rose est un des plus beaux arbustes qui existent. Ses feuilles sont toujours vertes. A Paris, cet arbre d'ornement, qui se montre en juillet jusqu'en septembre, est tenu en caisse pour le garantir des froids trop rigoureux : il n'en est point ainsi dans le midi ; on en forme des palissades qui offrent l'aspect le plus agréable lorsque l'arbre est en fleur.

On lui donne pour emblème *victoire et triomphe.* Le laurier-rose est le symbole de la beauté et de la modération. Il est aussi le symbole de la gloire et du génie. Les vainqueurs, de tout temps, ont été couronnés de lauriers.

Chez les anciens, le laurier était principalement consacré à Apollon ; ils en ornaient ses temples et ses autels, parce qu'ils lui attribuaient la vertu de communiquer le génie poétique. On représentait les deux muses Clio et Calliope couronnées de laurier.

> Vous dont la gloire est d'être belle,
> D'un sexe aimable, jeune fleur,
> Le laurier-rose est un modèle ;
> Son éclat naît de la pudeur.

> Les lauriers les plus beaux, et dont j'ai grand désir,
> Sont ceux qu'un peu d'adresse et quelques feintes larmes,
> Éloignés des dangers et du bruit des alarmes,
> Aux champs de Cythérée, Amour nous fait cueillir.
>
> LA FONTAINE.

Lavande. — DÉLICATESSE.

Plante touffue et fort odoriférante qui porte

une fleur tirant sur le pourpre, dont nous tirons une eau parfumée et une huile qui se nomme huile *d'aspic* par corruption de *spic*, le nom latin de la lavande étant *spica*.

Lierre. — AMITIÉ, TENDRESSE.

Plante tantôt rampante et tantôt en arbre, qui fait l'ornement de nos parcs et jardins. Nous en avons plusieurs espèces, dont le feuillage est plus ou moins découpé.

On en compose la couronne des poètes.

Lilas. — FAIBLESSE, ÉMOTIONS.

Le lilas est originaire de Perse, d'où il a été porté à Constantinople. C'est de là que vers 1562 il a été introduit en France, où il s'est tellement acclimaté que souvent il y vient de lui-même. On l'a semé aussi quelquefois, et, par ce moyen, on en a obtenu plusieurs variétés intéressantes. Une espèce est appelée, lilas de Marly, parce qu'on l'avait planté en abondance dans les bosquets de Marly dont, au premier printemps, elle faisait le charme par le beau vert de son nouveau feuillage, par le volume de ses thyrses plus nombreux et mieux fournis de fleurs plus grandes et d'une couleur plus douce que dans le lilas commun; du reste répandant une odeur aussi suave; mais l'arbre est d'une stature un peu plus petite. Le célèbre botaniste suédois Linné, en donnant au lilas le nom latin *syringa*, dérivé du mot grec *syrinx,* qui veut dire une flûte, semble indiquer que ses rameaux sont du bois dont on peut faire des flûtes: en Turquie on les.emploie à faire des tuyaux de pipes.

Lin. — BIENFAITS, SIMPLICITÉ.

Le lin nous vient des bords du Nil dont il est l'anagramme et où il croissait particulièrement. Nous le cultivons pour sa tige, dont on prépare le fil de lin, et pour sa graine, dont on extrait l'huile. Ce ne fut que sous les empereurs que les Romains commencèrent à faire usage du lin.

Lis. — PURETÉ, NOBLESSE.

Cette belle plante est parmi les végétaux, comme le cygne parmi les oiseaux, destinée à nous montrer le blanc dans ses teintes les plus agréables. Son odeur suave nous attire dans le lieu du parterre qu'elle habite; son port élégant et gracieux appelle nos regards qui ne se lassent point d'admirer l'éclat et la forme de son calice, modèle de nos plus beaux vases. La rondeur gracieuse de sa coupe donne à sa blancheur une variété infinie de tons délicieux. Chacune de ses fleurs contourne son pédoncule et imite le cou du cygne. Du sein de ses calices s'élèvent de riches étamines environnant un pistil brillant d'un or pur et tempéré. Une poussière d'or est semée sur les bords étoilés de la fleur, et se répand dans l'air, qu'elle remplit des plus suaves parfums. Une longue suite de boutons montre l'espoir auprès de la jouissance; et cette belle tige, balancée par les zéphyrs, caressée par les papillons, domine majestueusement les autres fleurs, qui semblent composer la cour riante de ce roi des parterres.

Les principales espèces de lis sont le *lis blanc*, qui présente deux variétés, l'une à fleurs pendantes, l'autre à fleurs comprimées; le *lis bulbifère*; le *lis chalcédoine*, d'un rouge éclatant; le *lis superbe*, originaire de l'Amérique septentrionale : il doit son nom à la beauté de ses fleurs, d'un beau jaune; le *lis pompon*; et le *lis rouge*, ainsi nommé à cause de sa couleur, d'un rouge éclatant.

> Ce n'est pas sans raison que j'aime
> A voir cultiver cette fleur.
> De tous temps le *lis* fut l'emblème
> De l'éclat et de la blancheur.

Liseron. — ENCHAINEMENT, HASARD.

Le nom français indique la prétendue ressemblance qu'on a cru apercevoir entre la fleur de notre liseron commun et celle du lis; par le nom latin on exprime que les plantes de ce genre s'entortillent autour de ce qui est près d'elles. L'espèce commune est celle à fleurs pourprées. Elle vient d'Amérique, on la cultive aujourd'hui dans beaucoup de jardins. Les feuilles sont en cœur et ses fleurs très nombreuses, grandes et faites en entonnoir, d'un pourpre agréable.

M

Marguerite. — PATIENCE, TRISTESSE.

Cette plante sauvage est commune sur les bords des fossés, dans les endroits humides, etc. Les anciens l'avaient remarquée et lui avaient donné le nom de *bellis* pour signifier sa gentillesse, comme on l'avait aussi appelée *pâquerette*, parce que, produisant toute l'année, c'est surtout au temps de Pâques qu'elle est couverte de ses fleurs, petites, mais jolies et d'un blanc pur qui tend ensuite au pourpre. Insensiblement, on l'a introduite dans nos jardins, où la culture en a produit un nombre considérable de variétés; c'est un des plus beaux ornements de nos parterres.

Marronnier. — SOMBRE MÉLANCOLIE.

......Des marronniers les hautes avenues
S'arrondissent en voûte et nous cachent les nues.

Le marronnier, originaire des Indes, fut connu assez tard en Europe. Bachelier l'apporta de Constantinople à Paris en 1615. Le premier marronnier fut planté au jardin Soubise, le second au Jardin des plantes, le troisième au Luxembourg. Son bois est excellent pour revêtir les appartements humides. L'écorce du marronnier a une partie des vertus du quinquina.

Mauve (*grande*). — AMOUR MATERNEL.

La mauve est une plante que nous cultivons pour sa fleur, dont la couleur est d'un rose violacé et qui est employée en médecine. Son feuillage est assez joli et peut servir d'ornementation dans un parterre.

Mignardise ou œillet musqué. -- ENFANTILLAGE.

Petit œillet très joli par sa couleur et son effet lorsqu'il est planté en bordure. Il y en a plusieurs variétés, blanches panachées de rose ou de violet. Il exhale une bonne odeur.

Millepertuis. — OUBLI.

C'est comme qui dirait *milletrous*, parce que les feuilles de plusieurs espèces sont piquetées d'une infinité de points résineux, à travers lesquels on voit le jour, ce qui ferait croire qu'elles sont criblées de trous ou *pertuis*. Le *millepertuis à grandes fleurs* est recherché à cause de la beauté de ses fleurs consistant en larges pétales d'un jaune très éclatant; elles entourent un grand nombre de longues étamines de même couleur.

Muguet. — BONHEUR, COQUETTERIE.

Les noms latins nous font assez entendre que

c'est au mois de mai et dans les vallées qu'il faut chercher les fleurs de cette jolie plante qu'effectivement on rencontre assez abondamment dans les endroits bas, frais, et pas trop découverts de nos bois. Ses racines traçantes poussent çà et là deux feuilles assez larges, engaînant une tige grêle, mais ferme, qui soutient une grappe de sept à huit fleurs, petites, en grelot, et d'un blanc pur que fait valoir encore le beau vert des feuilles. Elles répandent une odeur charmante, et qui plaît beaucoup aux dames : quelques branches de muguet font très bien dans un bouquet à l'époque où on peut s'en procurer.

Les amateurs soignent principalement le muguet à fleurs doubles, et la variété à fleurs roses.

> Que j'aime la fleur du *muguet!*
> Combien c'est un joli bouquet!
> Aussi *muguet* est le nom que l'on donne
> A tout galant et musqué freluquet.
> Qui, très content de sa personne,
> Avec un habit élégant,
> Instruit du jargon des ruelles,
> D'un ton léger et d'un air suffisant,
> Conte fleurette et fait sa cour aux belles.

Mûrier. — PRUDENCE, PRODIGE.

On n'est pas d'accord sur l'époque où le mûrier fut cultivé en France. On croit que ce fut sous le règne de Henri IV qu'il fut apporté d'Italie dans le Dauphiné et le Languedoc. Le mûrier s'est acclimaté dans notre pays, et il sert à nourrir les vers à soie. Nous l'employons aussi comme arbre d'ornement.

Les anciens appelaient le mûrier le plus sage de tous les arbres, parce qu'il bourgeonne le dernier de tous, comme l'amandier est le premier qui montre ses bourgeons; de là le dicton : *fol amandier, sage mûrier.*

Myrte. — AMOUR, TENDRE RETOUR.

> Le myrte est ennemi du vent.
> Arbre d'amour et de mystère,
> Il cherche préférablement
> Les abris d'un clos solitaire,
> Et ne vivrait guère en plein champ.

Charmant arbrisseau, croissant spontanément en Asie et en Afrique, cherché et cultivé par les anciens qui en faisaient des couronnes pour les amants et les buveurs. Les noms latins et français, dérivés du mot grec *myron*, qui signifie parfum, expriment assez qu'il répand autour de lui une odeur suave dont la main s'imprègne par le seul attouchement. Il a encore l'avantage d'être paré d'une verdure perpétuelle et toujours fraîche, sur laquelle, pendant tout l'été, se détachent les jolies fleurs odorantes et blanches dont il est couvert. Les poètes l'ont chanté à l'envi ; il est consacré à la déesse des amours.

A UN MYRTE.

> Croissez, l'honneur de mon bocage,
> Jeune arbrisseau que j'ai planté !

La déesse de la beauté
Attend votre premier feuillage.
Croissez, ô myrte, plus chéri
Que ces ormeaux qui m'ont vu naître;
Un jour votre rameau fleuri
Dans les airs s'étendra peut-être.

Sous votre abri voluptueux
Zirphé viendra placer son trône;
Zirphé vous devra la couronne
Qui doit parer ses beaux cheveux.
Que la fraîcheur de votre ombrage
Nous plaira sur la fin du jour!
Croissez : des fleurs l'amant volage
Frémit dans les bois d'alentour.

Phébus se couche sans nuage;
Et, si demain un sombre orage
S'élève et gronde à son retour,
Que l'oiseau qui lance la foudre,
En réduisant le chêne en poudre,
Respecte l'arbre de l'amour.

 D'une guirlande nouvelle.
 Ombrager vos jeunes fronts,
 Et qu'au milieu des flacons.
 Brille le myrte fidèle.
 Qu'auprès d'un autel fleuri,
 Chacun, d'une voix légère,
 Chante pour toute prière :
 Regina potens Cypri!
 Puis, venant à l'accolade
 D'un ami ressuscité,
 Par une triple rasade
 Vous saluerez sa santé.

N

Napel. — VENGEANCE.

C'est le nom distinctif d'une espèce d'aconit dont la racine vivace et grosse a la forme d'un petit navet. Elle croît naturellement dans les lieux pierreux de nos montagnes. Cette plante transportée dans nos jardins s'y comporte très bien, et elle en devient pendant l'été un des plus beaux ornements, par le nombre de ses hautes tiges, toutes garnies dans leur partie supérieure d'une pyramide de fleurs nombreuses, assez grandes, faites comme des casques, et d'un bleu superbe.

Narcisse. — ÉGOISME, AMOUR.

Narcisse, en s'adorant, mourut au bord des flots,
Et, fleur, il semble encor se chercher dans les eaux.

Les poètes ont feint que le beau Narcisse, se mirant dans l'eau et mourant épris d'amour pour lui-même, avait été changé en cette fleur. Souvent, en effet, l'image de ce narcisse se réfléchit dans les ruisseaux, sur les bords desquels il croît

NE M'OUBLIEZ PAS. — Soyez heureux.

MYOSOTIS — AUBÉPINE — MUGUET.

4

naturellement. Le blanc pur de sa fleur, qui se balance avec grâce sur une tige haute et flexible, l'a fait transporter dans les jardins.

Nénuphar. — FROIDEUR, ANÉANTISSEMENT.

C'est le long des ondes riantes que s'élèvent les arbres les plus gais, les gazons épais, mille plantes aquatiques, l'iris, le nénuphar ou nymphea et mille autres fleurs semées par la nature.

Les feuilles du nénuphar sont à la surface des eaux, comme un tapis de verdure au milieu duquel passe une fleur large, d'un jaune brillant, et quelquefois du blanc le plus pur. Le nénuphar se plaît principalement dans les eaux calmes des lacs ou des ruisseaux.

Nériette. — UNISSONS-NOUS.

Naturelle aux endroits frais et même aquatiques, on l'a introduite dans les situations pareilles de nos grands jardins-paysages. Elle y fait un bon effet par le grand nombre et la haute stature de ses tiges, assez semblables à des jets d'osier, ce qui lui a valu le nom trivial d'osier fleuri ; pendant tout l'été, chacune de ses tiges se termine par une longue grappe de fleurs lie de vin, et auxquelles on a voulu trouver de la ressemblance avec celles du *nerium* ou laurier-rose.

O

Œil de Christ. — POPULATION.

On l'a trouvé sauvage dans les Alpes de la Suisse et de l'Italie ; l'abondance et la beauté de ses fleurs l'ont fait introduire dans les jardins où on le multiplie facilement par la division de ses racines. Elles poussent beaucoup de tiges droites que terminent, sur la fin de l'été, des fleurs semblables pour la forme à celles du soleil, mais beaucoup plus petites. Des rayons d'un bleu violet et entourant un disque jaune doré leur donnent, si l'on veut, l'air d'un œil ou d'un astre : c'est de là que lui viennent ses noms.

Œillet. — RÉCIPROCITÉ, RIVALITÉ.

Je sais que dans Harlem plus d'un triste amateur,
Au fond de ses jardins, s'enferme avec sa fleur;
Pour voir sa renoncule avant l'aube s'éveille,
D'une anémone unique adore la merveille,
Ou, d'un rival heureux enviant le secret,
Achète au poids de l'or les taches d'un œillet.

Ce ne sont ni les grâces de la rose, ni l'éclat de la pivoine, ni la majesté du lis; ce sont des charmes particuliers qui font chérir l'œillet, et qui engagent quelques amateurs à le cultiver exclusivement à d'autres fleurs. Ses espèces sont variées à l'infini pour les couleurs et les nuances, quelquefois d'une couleur unique, mais veloutée; quelquefois panachées de deux, trois et même quatre couleurs bien tranchées. Une fleur qui réunit tant d'avantages devait avoir un beau nom; aussi l'appelle-t-on *dianthus*, c'est-à-dire fleur de Jupiter ou digne des dieux.

> En voyant ces *œillets* qu'un illustre guerrier
> Arrosa de la main qui gagna des batailles,
> Souviens-toi qu'Apollon bâtissait des murailles,
> Et ne t'étonne pas que Mars soit jardinier.
>
> Mlle SCUDÉRY.

Œillet de Chine. — AVERSION.

Autrement dit de la Régence. Les missionnaires l'ont effectivement envoyé de Chine, au temps de la dernière régence, et leur présent est très précieux pour nos parterres, que cet œillet orne pendant tout l'été par des variétés nombreuses, toutes très jolies et se faisant remarquer par des taches d'un beau rouge velouté, qui fait ressortir encore le fond blanc ou rosé de la fleur. Cet œillet, dont quelques variétés sont à fleurs doubles, se sème au printemps; et, l'été suivant, il produit des fleurs en abondance.

Œillet de poëte. — TALENTS.

Ses fleurs, parfaitement semblables pour la

forme à celles de l'œillet, mais plus petites, et rassemblées en une espèce d'ombrelle ou parasol, font par leur réunion et par leurs belles couleurs rouges de différentes nuances, un joli bouquet ; de là les noms de *bouquet tout fait* et *bouquet parfait*, que l'on donne vulgairement à cette plante, trouvée sauvage dans plusieurs contrées de la France. Cet œillet varie beaucoup dans ses nuances et dans ses panachures, qui sont souvent veloutées ; quelquefois ses fleurs sont tout à fait blanches ; d'autres fois elles sont doubles.

Olivier. — SAGESSE.

L'olivier était en très grande vénération chez les anciens Grecs ; ils en couronnaient les vainqueurs aux jeux Olympiques. Neptune et Minerve s'étant disputé à qui donnerait un nom à la ville d'Athènes, nouvellement bâtie, Jupiter, maître des dieux, afin de les mettre d'accord, décida que celui des deux qui ferait le don le plus précieux à cette ville aurait la préférence : au même instant Neptune frappa la terre de son trident, et en fit sortir un cheval, emblème de la *guerre ;* Minerve fit naître l'olivier, symbole de la *paix.* Ce fut elle qui eut l'honneur de donner un nom à cette célèbre cité.

Les grâces, la concorde et la joie se paraient de feuilles d'olivier, ainsi que la douceur et la clémence.

> Du vert laurier superbe est la couronne ;
> Moins d'apparence a le pâle olivier..

Mais plus amer est le fruit du laurier,
Plus doux le fruit que l'olivier nous donne.

De la céleste cour le monarque suprême
Au chêne décerna l'empire des forêts ;
Minerve à l'olivier dit : Tu seras l'emblème
De l'Abondance et de la Paix.

Oranger. — VIRGINITÉ, PURETÉ.

L'oranger est un arbre dont la tête gracieuse et arrondie est toujours en même temps ornée de feuilles brillantes, d'un beau vert, de fleurs nombreuses, d'un blanc pur et d'une odeur suave, enfin de fruits dont la saveur agréablement acide parfume et rafraîchit la bouche ; c'était une conquête à faire sur l'Inde, son pays natal. De proche en proche il est venu jusqu'en Europe, où, dans les parties méridionales, on le met en pleine terre, tandis que dans les contrées du nord, on le rentre l'hiver. On le tient alors en caisse, et on lui donne des soins particuliers, dont on est récompensé par le parfum délicieux de ses fleurs, lorsqu'on ne le cultive que pour l'agrément. L'oranger est de très longue durée, il s'en rencontre en Italie qui ont deux ou trois cents ans.

VERS GRAVÉS SUR UN ORANGER.

Oranger, dont la voûte épaisse
Servit à cacher nos amours,
Reçois et conserve toujours
Ces vers, enfants de ma tendresse ;
Et dis à ceux qu'un doux loisir
Amènera dans ce bocage.

Que, si l'on mourait de plaisir,
Je serais mort sous ton ombrage.

Oreille d'ours. — SÉDUCTION, TRAHISON.

Toute basse que soit cette plante, elle a dû se faire remarquer par les bouquets de jolies fleurs qu'elle donne au printemps, et souvent en automne.

Descendue de nos hautes montagnes dans les jardins, la culture l'y a perfectionnée. Ses charmantes fleurs sont placées en nombre à l'extrémité d'une tige courte, et qui sort d'une rosette de feuilles faites, à ce qu'on a cru voir, en forme d'oreilles, quelquefois couvertes d'une poudre farineuse, quelquefois seulement bordées de poils courts. L'oreille d'ours offre aux amateurs des variétés nombreuses.

Orme ou ormeau. — CONSIDÉRATION.

La vigne de l'ormeau décore le feuillage,
L'ormeau soutient la vigne et garantit son fruit:
Époux, soyez de même au sein du mariage;
Servez-vous constamment d'ornement et d'appui.

L'Orme nous fut apporté du temps de François Ier de la Flandre espagnole. On l'a multiplié heureusement; et aujourd'hui, il sert au charronnage, orne la plupart de nos routes et produit un bel effet parmi les arbres des jardins anglais.

Ornithogale pyramidal. — TENDRESSE.

Quoique cet oignon soit naturel au Portugal, il

ne redoute point nos hivers. Mis en terre en octobre, il pousse au printemps une tige d'environ 40 centimètres, dont l'extrémité se charge d'un épi pyramidal de fleurs nombreuses, blanches et formant l'étoile, ce qui lui a valu les noms d'*épi de lait ou de la Vierge*.

Ortie. — UTILITÉ.

Je ressemble à ma sœur par la seule apparence ;
Sous des dehors trompeurs je cache l'innocence.

Tout le monde a appris, par une expérience assez désagréable, à connaître cette plante. Ses fleurs sont disposées en grappes. L'ortie tire son nom de latin *urere* (*brûler*). Elle est ainsi nommée à cause de la sensation que font naître ses feuilles. Ses fleurs, assez agréables à la vue, infusées dans du vin, peuvent remplacer le quinquina dans les fièvres.

Les tiges de cette plante, qu'on peut couper trois fois par an, procurent aux bestiaux une bonne nourriture qui les préserve des maladies contagieuses. L'ortie est le symbole de l'*utilité*.

Osier. — DOCILITÉ, SOUPLESSE.

Vous qui, loin des faux biens que méprise le sage,
Cultivez de vos mains un modique héritage,
Hâtez-vous de venir, avec l'osier pliant,
Attacher à vos murs l'arbrisseau chancelant.

L'osier peuple aujourd'hui la plupart des endroits humides, les bords de nos rivières et de nos étangs. Son bois est jaune, pliant, et l'on s'en sert pour la vannerie, et dans l'arboriculture, pour lier les arbres de nos jardïns.

P

Paliure. — REMORDS.

On l'appelle encore épine de Christ, parce que la croyance est que la couronne du Sauveur a été faite de ses branches armées d'épines très piquantes, toujours doubles, et dont l'une est faite en crochet. Cet arbrisseau vient du midi de la France et se tient en pleine terre dans les jardins ; on ne l'y cultive que par curiosité ; ses fleurs, jaunes et à peine odorantes, ont trop peu de mérite et d'apparence : elles donnent un fruit de forme assez singulière, et qui a valu au *paliure* le surnom de *porte-chapeau.*

Palme, palmier. — VICTOIRE, DIGNITÉ.

La vie est un combat dont la palme est aux cieux.

Cet arbre est originaire du Levant. On a essayé de l'acclimater dans nos contrées où il a réussi. Il sert d'ornement dans la plupart de nos squareset

de nos serres. La palme est le symbole de la victoire.

Abjurez, il est temps, ces palmes funéraires,
Aimez-vous en Français, embrassez-vous en frères.

Pavot. — PARESSE, SOMMEIL.

Cette plante, que l'on cultive dans quelques
parties de l'Europe, donne divers produits très
connus, et dont les propriétés sont fort différentes :
ainsi on fait, dans le nord de l'Europe, des bouillies
et des gâteaux avec des graines de pavot, dont on
sait que les Romains faisaient aussi beaucoup de
cas ; on en tire plus communément de l'huile d'œil-
lette, bonne à l'assaisonnement et à la peinture.
On en fait aussi des émulsions : ce qui prouve
qu'elles ne sont pas narcotiques, quoique les
autres parties de la plante le soient beaucoup.

Les pavots, cultivés dans les climats chauds de
l'Asie et de l'Afrique (les pavots blancs) offrent
surtout cette propriété, très exaltée. C'est cette
plante qui donne l'opium.

Amants maltraités de vos belles,
Ayez recours à mes pavots :
Dans les charmes du repos
On ne trouve point de cruelles.
Les songes amoureux
Que mon pouvoir fait naître,
Par de douces erreurs sauront combler vos vœux :
On n'est pas plus heureux
Que lorsqu'on le croit être.

Pêcher (*fleur de*). — CONSTANCE, AMOUR.

La pêche nous vient, dit-on, des Perses, qui l'envoyèrent en Occident, croyant par là empoisonner les Européens. Ce fruit était un venin chez eux. Ils crurent qu'il en serait un pour nous, ils se trompèrent ; le changement de climat la fit changer de nature. Cette opinion est une erreur. Il ne faut regarder cette assertion que comme relative et point du tout absolue.

Pensée. — SOUVENIR.

Cette plante est extrêmement commune dans nos campagnes, où elle se fait remarquer par l'abondance de ses fleurs. Les amateurs ont cultivé dans ces derniers temps la pensée des Pyrénées, dont les semis ont donné de jolies variétés. Celles à pétales très larges et striés des couleurs les plus variées sont les plus recherchées.

Cette plante fait un effet charmant en massif, elle n'a aucune odeur.

LA PENSÉE.

Ce bouton va s'ouvrir enfin :
  J'aperçois la pensée
Au velours éclatant et fin,
  -A la fleur nuancée.
Jeune Élisa, je veux la voir
  Contre ton sein placée •
Celle que j'aime doit avoir
  Ma première pensée.

Élisa joint à la bonté
  La malice charmante .

Élisa joint à la beauté
    Cet esprit qui l'augmente.
La rose, ainsi, dans un bouquet
    Brille encor rehaussée
Quand on a su d'un air coquet
    L'unir à la pensée.

Au milieu des jardins pompeux,
    D'autres fleurs plus riantes
S'enorgueillissent à nos yeux
    De leurs couleurs brillantes ;
Piquante et modeste à la fois,
    Trop souvent délaissée,
C'est dans un vallon, dans un bois,
    Que se plaît la pensée.

Viens pomper ses sucs bienfaisants,
    Industrieuse abeille ;
Par un de ses plus doux présents,
    Flore ouvre sa corbeille.
Viens sucer un miel pur et frais,
    Et, d'une aile empressée,
Préviens les frelons, toujours prêts
    A piller la pensée.

L'esprit fait naître aussi des fleurs,
    Il aime à les répandre ;
Le plus lourd des compilateurs
    Lui-même ose y prétendre.
Mais dans ses écrits sans appas,
    La fleur la plus passée,
La fleur qu'on n'y rencontre pas
    Hélas ! c'est la pensée.

Pervenche. — PREMIER AMOUR.

Cette plante croît naturellement dans les endroits ombragés de nos forêts ; elle consiste en tiges vertes, grêles, très longues, traînant sur la

SOUCIS. — Mon âme est triste.

COLOMBINE — SOUCIS — ADONIDE D'AUTOMNE.

5

terre, et y prenant facilement racine. En tout temps elles gardent leurs belles feuilles luisantes ; presque toute l'année encore, mais plus abondamment au printemps, elles donnent des fleurs assez grandes et d'un bleu pâle. Les pervenches grandes ou petites, et leurs variétés à fleurs pourpres ou blanches, et simples ou doubles, sont employées avec avantage pour garnir certaines parties des bosquets et des rocailles dans les jardins-paysages.

> Heureux lorsqu'en voyage
> On trouve, vers le soir,
> Sous un riant ombrage,
> Quelque banc pour s'asseoir,
> Dont le pied tapissé
> Par la verte pervenche,
> Signe de l'amitié
> Et de la prévoyance,
> Plaît, et charme les yeux,
> De ses belles fleurs bleues.

Peuplier. — INQUIÉTUDE, CRAINTE.

J'admire, en m'éloignant, ces masses de feuillage,
Qui, sur ces prés fleuris, portent un large ombrage :
L'élégant peuplier, obélisque vivant,
Même au-dessus du chêne ose braver le vent.

Plusieurs espèces sont originaires d'Italie. Elles bordent la plupart de nos rivières et de nos prairies ; on sait que l'île où repose le corps de J.-J. Rousseau est appelée l'île des Peupliers, parce qu'elle est plantée toute de ces arbres. L'épitaphe de ce grand homme est conçue ainsi

Entre ces peupliers paisibles
Repose Jean-Jacques Rousseau ;
Approchez, cœurs droits et sensibles,
Votre ami dort sous ce tombeau.

Phlox. — HEUREUX QUI TE PLAIRA.

En grec ce mot veut dire *flamme* et peut exprimer l'éclat des fleurs de certaines espèces. Toutes **sont** vivaces et nous viennent des parties septentrionales de l'Amérique ; elles font, pendant la belle saison, un des principaux ornements de nos parterres. Le phlox paniculé est une plante des plus agréables. Ses fleurs, nombreuses et plus grandes que celles du lilas, sont aussi disposées en thyrses et à peu près de la même couleur.

Pied d'alouette. — CONFIANCE, LÉGÈRETÉ.

Nos moissons nourrissent en quantité cette plante sauvage et annuelle dont la feuille, finement découpée, ressemble, croit-on, aux longs doigts de l'alouette, et dont le bouton a la grossière apparence d'un petit dauphin (en grec *delphinion*). Les fleurs épanouies sont d'une forme très singulière et terminées par un éperon pointu, elles sont d'un beau bleu, et portent dans leur fond, qui est blanc, des lignes représentant assez bien AIA, les trois premières lettres du nom d'Ajax, d'où a été donné le surnom à cette plante : *delphinium Ajacis.*

Pin. — HARDIESSE, LONGUE DURÉE.

. . . . Les pins audacieux
Croissent parmi la neige et s'élèvent aux cieux.

Le pin peuple la plupart de nos forêts. Il est majestueux par sa stature et agréable parce qu'il est toujours vert. Dans le midi de la France, il en existe plusieurs variétés dont on tire la résine et l'essence. On le cultive en France, avec succès, dans les Landes.

Pivoine. — BEAUTÉ, QUALITÉS.

Cette belle plante est descendue de nos plus hautes montagnes dans nos jardins, où elle brille chaque année par un assez grand nombre de fleurs superbes et des plus grosses que l'on connaisse. Elles sont très doubles, ou d'un beau cramoisi, ou blanches ou rosées.

Platane. — GÉNIE, OMBRAGE, BONHEUR.

Le platane se trouve dans la plupart de nos forêts; on l'a planté dans les parcs à cause de son ombrage, et nos boulevards en sont bordés aujourd'hui. Son feuillage est découpé, son écorce lisse et son bois très serré. Il est utilisé dans l'industrie.

> Là, l'ombre du platane, au déclin d'un beau jour,
> Devient pour les bergers le temple de l'amour.

Poirier (*fleur de*). — QUALITÉS, ÉDUCATION.

Le poirier dont nous avons tant d'espèces aujourd'hui nous vient du mont Ida. Dans l'antiquité les poires les plus délicates étaient tirées d'Alexandrie, de la Numidie, et des vallées de la

Grèce. Sa fleur est blanche. Les anciennes espèces, qui sont très peu cultivées aujourd'hui, ont des origines curieuses : on prétend que la poire de Saint-Germain a été trouvée dans la forêt de Saint-Germain. La Virgoulée a pris le nom du village de ce nom, près Limoges, d'où elle nous est venue ; le Martin-sec nous fut donné par un nommé Martin. La poire de Bon-Chrétien que plusieurs auteurs attribuent par erreur à saint Martin qui, disent-ils, l'a apportée de Hongrie, nous a été apportée par saint François de Paule.

> L'humble François de Paule était, par excellence,
> Chez nous nommé le bon chrétien ;
> Et le fruit, dont le saint fit part à notre France,
> De ce nom emprunta le sien.

Pois de senteur. — DÉLICATESSE, PLAISIR DÉLICAT.

Le pois de senteur nous vient de Ceylan, et ressemble beaucoup à nos pois ordinaires par la forme et la stature ; mais il donne des fleurs abondantes, toujours réunies deux sur une queue longue, qui le rend commode à placer dans les bosquets, dont elles ne font pas le moindre ornement par leur couleur vive, rose ou violette, et surtout par leur bonne odeur de fleur d'oranger.

Pomme d'amour. — BEAUTÉ, SÉDUCTION.

Arbuste apporté de Madère, et que l'on tient en caisse pour être rentré l'hiver en orangerie. Il s'élève à deux mètres par une tige formant tête. Ses feuilles, qu'il garde presque toujours, ont un peu la forme de celles du saule, et sont d'un vert foncé qui fait ressortir ses fleurs nombreuses, petites et blanches. Elles se changent en fruits de la forme, grosseur et couleur des cerises et qui restent aux branches tout l'hiver, saison où l'arbuste a le plus d'éclat.

Pommier. — PRÉFÉRENCE, CHOIX.

La pomme a, sur sa conscience,
Le péché qui nous damna tous.

Le pommier est connu depuis la plus haute antiquité. Il a été cultivé par les anciens dans différentes parties de la Grèce, d'où il s'est acclimaté dans la plupart de nos contrées. On prétend qu'Homère se soutint, pendant les derniers jours de sa vie, en sentant l'odeur des pommes. Ses fleurs sont d'un rose foncé, larges, et produisent un effet charmant dans nos jardins à l'époque de leur floraison.

Le ciel, pour enchanter les hommes,
Leur a fait présent de deux pommes,
Et sur leur visage il a mis
Deux petites pommes d'api,
D'un bel incarnat empourprées,
Que la nature a colorées.

Primevère. — DÉSIR D'AMOUR, ESPÉRANCE.

Les noms de cette plante expriment que ses fleurs sont les *messagères du printemps*. C'est

en effet dans les premiers jours de mars, et
jusqu'à la fin d'avril, que les variétés nombreuses
recueillies par les amateurs du jardinage dé-
ploient les richesses de leurs belles couleurs.
Les espèces primitives se trouvent abondamment dans nos prés et sur nos hautes montagnes.
Il y a de nombreuses variétés de primevères;
toutes ces variétés produites par des semis réi-
térés sont fort estimées; la primevère de Chine
est très remarquable par la beauté de son feuillage, d'un vert pâle et velouté, et ne peut être
cultivée qu'en serre chaude ou en serre tem-
pérée.

Prunier. — TENEZ VOS PROMESSES.

Le prunier est originaire de Damas, d'où nous
sont venus les premiers plants. Sa fleur est
blanche et très petite.

. . . . Le fier Romain!
Et ravisseur plus juste et vainqueur plus humain,
Conquit des fruits nouveaux, porta dans l'Ausonie
Le poirier des Gaulois, l'abricot d'Arménie,
Le prunier de Damas. . . . .

Nous en avons obtenu de nombreuses variétés, dont la plus estimée est la prune de Reine-
Claude qui doit son nom à la reine Claudine,
première femme de François Ier et fille de
Louis XII. Les prunes de Monsieur sont ainsi
appelées parce que *Monsieur*, frère de Louis XIV,
les aimait beaucoup.

Q

Quarantain ou giroflée d'été. — PROMPTITUDE.

Ainsi appelée parce qu'elle dure à peu près ce temps dans tout son éclat. Chaque année, de bonne heure au printemps, on en sème la graine sur couche tiède ; bientôt elle donne des rameaux bien fournis de fleurs, ou blanches ou d'un rouge vif, mais toujours répandant une odeur agréable de giroflée. On met celles à fleurs doubles dans les parterres ; on garde celles à fleurs simples pour graines.

R

Rameau d'or. — LUXE, BONHEUR, SYMPATHIE.

Nom très convenable à cette variété de la *giroflée jaune*, autrement dite *violier*, dont les fleurs, très grandes et bien pleines, forment un long épi d'un jaune pur et doré. Une aussi belle plante mérite d'être soignée et multipliée ; aussi les amateurs ont-ils soin d'en faire provision chaque année, au moyen de boutures.

Reine-Marguerite. — ÉLÉGANCE.

Moins haute que notre marguerite des prés et donnant plus de fleurs, elle a mérité le nom de reine, par la grandeur et l'éclat de ses fleurs simples ou doubles, rouges, blanches, bleues, ou de nuances et de panachures très variées dans ces couleurs. Les simples brillent par un cœur doré ; le centre des doubles est quelquefois rempli de tuyaux colorés que les curieux appellent peluche. C'est aux missionnaires de la Chine que nous devons cette superbe plante annuelle qui, pendant l'automne et jusqu'aux gelées, fait la décoration de nos parterres, alors si dénués de fleurs.

Renoncule. — ÉCLAT, FIERTÉ.

Beaucoup d'espèces de renoncules servent d'ornement à nos jardins, telles que les boutons d'or et d'argent ; la renoncule des fleuristes mérite la préférence par la grosseur et l'éclat de ses fleurs, ou d'un rouge très vif ou d'un beau jaune doré ou orangé. Les renoncules nous viennent originairement d'Asie et d'Afrique ; et, au printemps, elles nous donnent leurs fleurs. *Ranun-*

culus signifie en latin petite grenouille et exprime que ces plantes en général aiment un terrain frais.

Réséda. — MÉRITE MODESTE.

Du réséda la fleur est comme vous, Julie,
Élégante, modeste, agréable et jolie.

On attribuait à cette jolie plante la vertu d'apaiser les douleurs, voilà, à ce qu'on prétend, d'où lui vient le nom de réséda (*sedare*, calmer). Il y a un siècle qu'il nous a été rapporté de Barbarie, et depuis il a été constamment recherché et cultivé avec soin : l'offrir à quelqu'un dont les qualités surpassent les charmes, c'est lui dire qu'on a su les apprécier.

Le réséda ne lasse jamais nos regards ; il est la parfaite ressemblance de ces personnes aimables que le temps ne semble pas vieillir, qui n'eurent jamais l'éclat de la beauté, mais auxquelles on s'attache toujours, dès qu'elles ont su une fois vous charmer et vous plaire.

Cette plante est l'emblème du mérite modeste.

Aimer est un plaisir charmant,
C'est un plaisir qui nous enivre
Et qui produit l'enchantement.
Avoir aimé, c'est ne plus vivre.

Rhododendron. — DANGER.

Nous devons aux parties septentrionales de l'Amérique ce bel arbrisseau, toujours garni de ses feuilles, grandes et assez semblables à celles du *laurier-amande*. Au mois de juin, il est souvent entièrement caché par ses bouquets de fleurs de couleur rose.

Ricin. — INNOCENCE OPPRIMÉE.

Si l'on rentrait en serre chaude cette plante, qui vient de l'Inde, sa tige deviendrait ligneuse, et elle durerait plusieurs années ; mais on la traite comme plante annuelle, parce que, semée de bonne heure et sur couche, elle a donné avant la mauvaise saison, qui la tue, et ses fleurs et ses graines, qui sont parfaitement semblables à cette sorte d'insecte, appelé tique (en latin *ricinus*), que les chiens de chasse ramassent dans les bois. Le ricin donne quelques branches chargées de feuilles très grandes et découpées en mains, d'où lui vient le nom de *palma Christi*.

Rose. — INNOCENCE, FRAICHEUR.

Il semble que la nature se soit plu à former la reine des jardins, en la comblant des dons les plus précieux. Élégance dans le port et le feuillage, grâces et beauté dans les formes, fraîcheur et suavité dans les couleurs, odeur délicieuse ; la rose a tout cela. Tant de belles qualités méritaient bien qu'on la chantât ; aussi les poètes de tous les âges l'ont-ils célébrée ; et par une allusion ingénieuse à ses charmes, aux épines qui la défendent et à son peu de durée, ils en ont fait l'emblème de la beauté. Cette fleur, à juste titre, est la fleur bien-aimée des dames et la première qu'on veut avoir dans son jardin.

Nos navigateurs ont exploré tous les rivages, nos naturalistes ont parcouru toutes les terres ; ils ont découvert des arbres rivaux du chêne de nos contrées ; ils ont trouvé en Amérique une nature vierge et majestueuse, une végétation féconde en trésors nouveaux ; mais nulle part ils n'ont rencontré une fleur plus belle que la rose.

Charmante rose ! tu es parmi les fleurs comme Vénus entre les autres déesses : tu parais, et tu reçois tous les hommages. Ton odeur délicieuse semble une légère exhalaison de l'ambroisie céleste. Dis-nous, fleur des amours, à qui tu dois ta couleur. Le sang qui s'échappait de la blessure d'Adonis se répandit-il sur tes tendres pétales ? ou Bacchus laissa-t-il tomber sur toi quelque gouttes de la liqueur de la treille ? ou les Grâces voulurent-elles montrer aux mortels, par ta fleur, quel était le doux éclat de leur teint ?...

Tels étaient mes sentiments et mes réflexions devant une touffe de rosiers placés sous la fenêtre d'un riant pavillon, près d'un bosquet. Soudain le hasard me présenta un papier ouvert, qui paraissait avoir été emporté par le vent hors du pavillon, j'y lus ces vers :

LA ROSE.

Vous dont la gloire est d'être belle,
D'un sexe aimable jeune fleur,
Prenez la rose pour modèle,
Son éclat naît de sa pudeur.

Cet ornement de la nature
Se cache sous un arbrisseau,
Et, pour garder sa beauté pure,
Arme d'épines son berceau.

Riche des présents de l'Aurore,
Tant qu'elle fuit le dieu du jour,
Moins on la voit plus on l'honore,
Sa sagesse enflamme l'amour.

Ses grâces, toujours innocentes,
Font mille heureux pour un jaloux ;
Elle est le bouquet des amantes
Et la couronne des époux.

Des jardins la fleur la plus belle,
Des autels le plus doux encens,
La nature a tout mis en elle,
Elle plaît seule à tous les sens.

L'oiseau qui voit naître la rose
La chante au lever du soleil ;
L'abeille vole et se repose
Au sein de son bouton vermeil.

Chaque fois l'aile du zéphyre
De la rose apaise les feux,
Et les parfums qu'il y respire
Embaument son souffle amoureux.

Le ruisseau s'arrête ou serpente,
Charmé de la voir sur ses bords ;
Cent fois son onde transparente
Effleure et baigne ses trésors.

Mais si, dès qu'elle vient d'éclore,
La main furtive de l'Amour
L'enlève aux caresses de Flore,
Sa beauté ne vivra qu'un jour.

Ah ! puissent, l'amant qui l'admire,
L'oiseau qui la chante au matin,
Le ruisseau, l'abeille et Zéphyre,
La retrouver le lendemain !

D'un autre auteur.

LA ROSE

Quand l'haleine des doux zéphyrs
Et la verdure renaissante
Annoncent la saison charmante
Et des amours et des plaisirs,
Vainement mille fleurs écloses
Appellent la main des amants;
On ne croit revoir le printemps
Qu'en voyant refleurir les roses.

Parmi les filles du matin,
C'est la rose qu'Amour préfère :
Vénus, aux fêtes de Cythère,
En pare sa tête et son sein.

Sur sa corolle demi-close,
Zéphyr se plaît à voltiger ;
Le papillon le plus léger
Se fixe en voyant une rose.

Des plus aimables dons des cieux,
La rose est l'image fidèle :
Souvent même elle est le modèle
Qui nous sert à peindre les dieux.

Lorsque l'Aurore se dispose
A sortir des bras de l'Amour,
Pour ouvrir les portes du jour
On lui donne des doigts de rose.

. . . .

HYMNE A LA ROSE.

Traduction d'Anacréon.

Je veux chanter le doux printemps ;
Son haleine féconde et pure
Vient rendre à nos vallons riants
Des fleurs la brillante parure.

Déjà s'ouvre et brille à nos yeux
La rose, des mortels chérie ;
Elle est les délices des dieux ;
A leur souffle elle dut la vie.

Dès que renaissent les beaux jours,
La rose est l'ornement des Grâces ;
Et la rose naît sur les traces
De la déesse des amours.

Les Muses, de la fleur nouvelle,
Aiment à parer leurs chevéux :
Malgré son épine cruelle,
La rose est l'objet de nos vœux.

J'aime de la rose brillante
A respirer la douce odeur.
Le poète toujours la chante,
Elle brille au front du buveur.

N'est-ce pas elle qui colore
Des nymphes les bras séducteurs,
Les doigts séduisants de l'Aurore,
De Cypris les traits enchanteurs ?

Quand elle a perdu sa jeunesse,
Elle survit à son destin,
Et conserve, dans sa vieillesse,
Les parfums qu'exhalait son sein.

Aussitôt que l'onde calmée
Offrit Vénus à notre amour,
La rose aussi reçut le jour,
Et para la terre charmée.

Les dieux, que la beauté ravit,
Cultivèrent la fleur chérie ;
Par leurs soins la rose embellie
Sur sa tige s'épanouit.

Bacchus, d'une main complaisante,
De nectar arrose la fleur :
Ce fut à sa liqueur brillante
Que la rose dut sa couleur.

L'ÉLOGE DES ROSES.

Viens dans ces lieux, viens, aimable printemps,
   Père des fleurs naguère écloses,
   Viens présider à mes accents :
   Je chante l'éloge des roses.

Qu'à les cueillir, on a de volupté,
   Quoique leur épine piquante
   Punisse la témérité
   D'une main souvent imprudente !

La rose fait les délices des dieux;
   Elle embellit le teint de Flore,
   Et forme l'éclat radieux
   Des charmes de la jeune Aurore.

Dans les festins consacrés à Bacchus,
   Les buveurs en parent leur tête :
   Les Grâces qui suivent Vénus
   S'en couronnent les jours de fête.

Lorsque, du sein de l'abîme des flots,
   Sortit la charmante Cyprine,
   Alors aux rives de Paphos
   Naquit la rose purpurine.

Elle s'élève au milieu de ses sœurs;
   Zéphyre empressé la caresse ;
   Elle est l'objet de ses ardeurs,
   Près d'elle il voltige sans cesse.

Viens dans ces lieux, viens, aimable printemps,
   Père des fleurs naguère écloses,
   Viens présider à mes accents :
   J'ai chanté l'éloge des roses.

LA ROSE.

C'est l'âge qui touche à l'enfance,
C'est Justine, c'est la candeur.

Déjà l'amour parle à son cœur ;
Crédule comme l'innocence,
Elle écoute avec complaisance
Son langage souvent trompeur.
Son œil satisfait se repose
Sur un jeune homme à ses genoux,
Qui, d'un air suppliant et doux,
Lui présente une simple rose.
De cet amant passionné,
Justine, refusez l'offrande ;
Lorsqu'un amant donne, il demande,
Et beaucoup plus qu'il n'a donné.

S

Safran jaune. — AMOUR MALHEUREUX.

Ainsi que le pavot, mon talent le plus doux
Est d'endormir un vieux jaloux.

Cette plante, dont la fleur est assez jolie, est employée en médecine ; elle donne la gaieté, mais si l'on en prenait beaucoup, elle deviendrait fort dangereuse. Plusieurs nations l'emploient dans l'assaisonnement de leurs mets les plus ordinaires.

La fleur de safran réprésente les souffrances d'un amour malheureux : elle est aussi le symbole de la mélancolie et des chagrins résultant d'une affection trompée. Suivant la fable, Crocus aimait si tendrement sa femme Smilox, que les dieux, touchés de cet amour exemplaire et chaste, les changèrent, Crocus en safran, sa femme en if.

Sauge. — FORCE, JE VOUS ESTIME.

La sauge croît sur le bord des haies dans nos campagnes. Elle passe pour être propre à guérir les maux de tête. On la prend en infusion comme le thé, surtout la petite espèce. Les Chinois en font un grand usage et s'étonnent comment les Européens viennent chercher le thé dans leur pays, quand ils ont une plante aussi excellente. Nous l'employons beaucoup en France, à cause de son odeur aromatique, dans diverses industries.

Saule pleureur. — DOCILITÉ, DOULEUR, CHAGRIN.

> Sous ces saules que baigne une onde salutaire
> J'aime à placer du bain l'asile solitaire.

Le saule croît le long des rivières. Ses feuilles tombant en forme de larmes de ses branches recourbées lui ont fait donner le nom de saule pleureur. Cet arbre est le symbole de la douleur et de la mélancolie.

> Oh! que j'aime à te voir au bord des vertes ondes,
> Incliner ton feuillage au souffle du zéphyr,
> Et peindre ton corps noueux dans ces eaux profondes,
> Voilant de tes rameaux les amants, leur plaisir.

> Si le vert oranger du bonheur est l'image,
> Le myrte parfumé, celle de la grandeur,

Saule, sous tes rameaux, sous ton léger feuillage,
Reste le confident de l'amère douleur.

Saule cher et sacré ! le deuil est ton partage ;
Toi, l'arbre du chagrin, toi, témoin de nos pleurs,
Comme un sincère ami, sous ton épais ombrage,
Accueille nos regrets et calme nos douleurs.

Scabieuse. — ABSENCE, ABANDON.

Nos champs et nos bois fourmillent d'espèces de ce genre, et nous les cultiverions si l'Inde ne nous avait fourni celle aujourd'hui si commune dans tous les jardins, où on l'appelle trivialement *fleur de veuve*, à cause de sa couleur d'un violet très foncé, égayé cependant par quelques taches pâles ou blanches. Cette belle plante a les mêmes formes que nos scabieuses ; mais elle est plus haute, et ses fleurs répandent une légère odeur de musc. *Scabieuse* vient du latin *scabies*, qui signifie *gale*. Il y en a une espèce qui passe pour guérir cette maladie.

Sensitive. — INNOCENCE, PUDEUR.

Cette fleur semble douée d'une sorte de pudeur, puisque d'elle-même elle se retire de dessous les doigts qui la touchent. Ses rameaux et ses feuilles se replient alors dans leurs articulations, pour ne reprendre qu'au bout d'un certain temps leur situation ordinaire. Dans les parties les plus chaudes de l'Amérique, son pays natal, elle devient arborescente ; chez nous, elle reste toujours herbacée ; cependant elle y donne ses jolies houppes

de fleurs d'un gris de lin tendre ; et même, quand
la saison est propice, elle y produit de bonnes
graines qui servent à la propager.

Plus loin, quelle autre fleur ai-je vue s'embellir ?
Sa modeste beauté m'invite à la cueillir.
J'approche ; elle me fuit : dieux ! quel est ce prestige ?
Je cherchais une fleur, je ne vois qu'une tige.
Interdit et confus, je m'éloigne à regret,
Et la fleur rassurée à l'instant reparaît.
Ah ! je te reconnais, ô tendre *sensitive !*
Seule, parmi les fleurs, devant l'homme craintive,
Sans doute il te souvient que, mortelle autrefois,
De ta jeune pudeur on méconnut la voix.
Elle adorait Iphis, Iphis brûlait pour elle,
Cependant voluptueuse autant qu'elle était belle,
La nymphe demandait que l'hyménée, un jour,
Au pied de son autel consacrât son amour.
Quatre soleils encor, ce jour allait paraître.
L'innocente beauté, dans un réduit champêtre,
Soupirait, solitaire, à l'heure où le jour fuit ;
L'impatient Iphis l'aperçoit et la suit ;
Il approche avec crainte, et, versant quelques larmes,
Il veut hâter l'instant où, maître de ses charmes,
L'hymen doit la porter dans les bras d'un époux.
Elle résiste ; Iphis embrasse ses genoux,
Et bientôt du respect passant jusqu'à l'audace,
Insulte à la pudeur qui lui demande grâce :
Il oppose la force aux refus redoublés.
La nymphe vers le ciel levant ses yeux troublés :
« **Dieux** d'hymen et d'amour, prenez soin de ma gloire ;
A mon perfide amant arrachez la victoire.
Hâtez-vous, détruisez mes funestes appas !
Dieux vengeurs ! contre lui j'invoque le trépas. »
Elle dit, et soudain ses appas se flétrissent,
Et son front et ses doigts de feuilles se hérissent.
Sur son sein qui décroît s'étend un réseau vert,
Et ses pieds, du zéphyr quinze ans rivaux agiles,

En racine allongés, demeurent immobiles.
Enfin c'est une fleur : mais conservant toujours
Le profond souvenir de ses tristes amours,
Elle craint d'éprouver une insulte nouvelle,
Et de tous les humains fuit la main criminelle.

ROUCHER (*les Mois*).

Seringat. — MÉMOIRE.

Vous qu'on dit être si cruelle,
Prenez cette fleur pour modèle.

Cet élégant arbuste, connu de toute l'Europe, exhale absolument l'odeur de l'oranger. Ses fleurs blanches, d'un parfum délicieux, paraissent en juin. Leur odeur est si pénétrante que, dès qu'on l'a respirée, elle vous suit en tous lieux. C'est peut-être pour cette raison qu'on en a fait l'emblème de la *mémoire*.

On distingue deux espèces de seringat : l'odorant et l'inodore. Le premier est originaire de la Provence, le second nous vient de la Caroline.

Le seringat est non-seulement le symbole de la *mémoire*, mais il est l'emblème de *l'amour fraternel* et l'attribut du *mépris*.

Symbole de douce allégresse,
Puisse ton feuillage amoureux
S'augmenter comme ma tendresse,
Et m'annoncer des jours heureux !
O ciel ! rafraîchis sa verdure ;
Printemps, renouvelle sa fleur :
Tous deux redoublez sa parure
Pour le moment de mon bonheur.

Soleil. — MES YEUX NE VOIENT QUE VOUS.

Sa fleur, la plus grande qu'on connaisse, puisque souvent elle est large de plus de 33 centimètres, consiste en un disque rond et de couleur brune qu'entourent des pétales allongés en forme de rayons et d'un jaune doré très éclatant. Quelquefois elle est appelée double, parce que son centre est rempli de pétales semblables à ceux du tour, mais plus petits; c'est alors qu'elle ressemble encore mieux à l'astre brillant dont on lui a donné le nom. La plante, quoique originaire du Pérou, vient sans beaucoup de soins dans nos climats. Chaque année, on la sème au printemps, et en moins de deux mois déjà, elle a poussé une tige grosse, haute de plus de deux mètres en juillet, et la tige et les branches qu'elle a données sont terminées par des fleurs. Ces fleurs regardent toujours le soleil et tournent avec lui, d'où lui a été donné le nom de *tournesol*.

Souci. — TOURMENTS, PEINE, JALOUSIE.

Tendre *souci* qu'un or pâle colore,
Souci simple et modeste, à la cour de Cypris
En vain sur toi la rose obtient toujours le prix;
Ta fleur moins célébrée a pour moi plus de charmes,
L'aurore te forma dans ses plus douces larmes,
Dédaignant des cités les jardins fastueux,
Tu te plais dans les champs; ami des malheureux,
Tu portes dans les cœurs la douce rêverie,
Ton éclat plaît toujours à la mélancolie,
Et le sage Indien, pleurant sur un cercueil,
De tes fraîches couleurs peint ses habits de deuil.

Le souci est rustique, et vient très bien à toutes les expositions, mais mieux au soleil : il se sème souvent de lui-même. Son nom latin indique que sa fleur paraît tous les mois ; son nom français est corrompu du latin *solsequium*, c'est-à-dire qui suit le soleil, parce qu'une espèce se ferme toutes les fois que cet astre ne luit point.

LE SOUCI.

Sans souci, sans tourment,
Sans chagrin, sans martyre :
Sans souci, sans tourment,
Nul plaisir en aimant.

Un cœur toujours constant, dans l'amoureux empire,
Ne connaît plus le prix d'un fortuné moment.
Un tendre amant qui se plaint, qui soupire,
Quand il obtient ce qu'il désire,
Trouve son bonheur plus charmant.

Sylvie. — SOUFFRANCE CAUSÉE PAR L'AMOUR.

C'est, ainsi que l'indique son nom français, une habitante de nos bois. On en décore les parties fraîches et ombragées des jardins qu'elle égaie par le beau vert de son feuillage agréablement découpé, et par l'éclat de ses fleurs blanches. Cette anémone se sème, et alors elle peut donner des variétés, soit à fleurs doubles, soit de différentes couleurs ; ou bien on en enlève les racines qu'on plante dans des situations convenables.

T

Tabac cultivé. — JE SURMONTERAI LES OBSTACLES.

En 1520, les Espagnols trouvèrent la plante du tabac, dans le Yucatan. C'est de là que la culture de cette plante passa à Saint-Domingue, au Maryland, au Brésil, et ensuite en Europe. Le Portugal l'eut le premier, d'où JEAN NICOT la rapporta en France où on l'appela d'abord *Nicotiane* et, depuis, tabac, du mot Tabago ou Tobac, l'une des îles de l'Espagne en Amérique. Aujourd'hui le tabac est fort en usage.

Le tabac cultivé a une belle fleur rose, et le tabac non cultivé a la fleur verte; son feuillage est un bel ornement.

Thym serpolet. — ÉMOTION, ACTIVITÉ.

Le serpolet se trouve sur le bord des chemins de nos campagnes, où il se fait remarquer par son odeur aromatique. Il offre un joli tapis de verdure couronné de petites fleurettes roses. Il est la nourriture des lapins de garenne.

> Placez près de la mélisse odorante
> Le serpolet, puis le thym toujours verts.

TIMIDITÉ. — Ouvrez-moi votre cœur

LILAS ROUGE ET BLANC. — TRADESCENTIA. MAUVE.

Thuya. — VIEILLESSE.

Le thuya est un arbuste originaire du Levant. Son bois est odoriférant, il est employé dans la marqueterie.

Tilleul. — GAIETÉ, SOUPLESSE.

Le tilleul est originaire de Hongrie ; nous l'avons acclimaté dans nos contrées, où il est un de nos arbres d'ornement. Son feuillage est épais, à revers argenté, et sa fleur blanche est parfumée : nous l'employons dans la médecine. C'est sur le tilleul qu'on a fait la fameuse épreuve qui démontra que de la tête d'un arbre on peut en faire les racines, et des racines la tête.

Trèfle. — TEMPÊTE.

Le trèfle est cultivé chez nous comme plante fourragère. Sa fleur d'un rouge velouté fait un effet charmant dans les bouquets des champs.

Troëne. — DÉFENSE, FLATTERIE.

Plante ligneuse que l'on trouve dans les bois. Sa fleur donne un fruit gros comme la groseille, qui devient noir à sa maturité. On se sert de cette plante pour garnir les haies et les treillis.

Tubéreuse. — VOUS M'INSPIREZ LES PLUS TENDRES SENTIMENTS.

Son oignon, assis sur une tubérosité à qui il

doit son nom, mis en terre au printemps, et aidé d'un peu de chaleur, ne tarde pas à émettre une touffe de feuilles longues, en forme d'épée. De leur milieu s'élève une tige de plus d'un mètre de haut, portant, à son extrémité, une vingtaine de fleurs faites en lis, assez grandes, blanches, lavées de rose à leur bout, et répandant une odeur délicieuse et pénétrante.

Tulipe. — AMOUR SINCÈRE, GRANDEUR.

Si nous n'avions mis à contribution les pays étrangers, nos jardins seraient bien pauvres de fruits et de fleurs ; ils manqueraient surtout de l'émail si varié de la tulipe, qui nous est venue originairement de l'Asie par la Turquie, où on lui a donné son nom, à cause de la prétendue ressemblance de son calice avec le tulipan ou turban, sorte de coiffure du pays. On se peint difficilement le bel effet d'une plate-bande de tulipes disposées avec goût et dont les couleurs ont été mises en opposition. Ce n'est qu'à force de patience, d'art et de soins qu'on est venu à bout de varier les nuances des couleurs primitives de la nature. Si l'on n'eût pas semé, on n'eût pas obtenu ces panachures si fraîches, si bien tranchées que l'on admire sur le calice de la tulipe.

U

Ulmaire. — DOUCES JOUISSANCES.

Les prés humides et le bord des eaux sont les endroits où se trouve cette plante vivace, à laquelle sa belle apparence, sa haute taille et l'éclat de ses corymbes de fleurs très petites, mais rassemblées, nombreuses et blanches, ont encore mérité le nom de *reine des prés*. Ses feuilles, plissées, dentelées, de la forme et de la grandeur de celle de l'orme, l'ont fait appeler ulmaire. On la cultive dans les jardins, mais l'on y préfère la variété à fleurs doubles.

V

Verge d'or. — RASSUREZ MON AME AFFLIGÉE.

Une espèce croît d'elle-même assez communément dans nos bois, mais on ne l'a pas accueillie dans les jardins, parce que les parties septentrionales de l'Amérique nous en ont offert de plus propres à l'ornement, par le grand nombre de leurs tiges hautes, droites et semblables à des verges que terminent, sur la fin de l'été, des grappes droites et bien fournies de fleurs petites, mais nombreuses et d'un jaune doré assez éclatant : telle est la verge d'or du Canada.

La *verge d'or*, quelquefois nommée *solidage*, passe pour avoir la propriété de rapprocher les plaies et de les consolider.

Véronique. — JE VOUS OFFRE MON CŒUR.

Plante ⟨…⟩ ne nos parterres et qui a de nombreuses ⟨…⟩etes. Les unes sont à fleurs bleues et fleurissent de juin en août ; les autres sont rouges ou bleues, disposées en grappes très longues. La *véronique remarquable* est une des plus belles variétés.

C'est un arbuste à feuilles violacées, épaisses, exhalant une odeur fétide quand on les froisse, mais qui donne des fleurs remarquables par leur couleur amarante, ou bleu violacé, en épis ovales et serrés.

Verveine. — PURETÉ DE SENTIMENT.

Nous cultivons la *verveine* dans nos jardins pour sa fleur, qui exhale un parfum délicieux, et son feuillage, qui orne nos massifs de fleurs Elle demande beaucoup de soins. Les variétés sont nombreuses ; leurs fleurs varient du pourpre au rose clair, et du rouge foncé au blanc le plus pur. Cette plante porte quelquefois le nom d'*herbe sacrée*.

Vigne. — OUBLI, IVRESSE DE LA PASSION.

La vigne est originaire de l'Asie. Ce sont les Phéniciens qui la transplantèrent dans la Grèce, et sur les côtes de la Méditerranée, d'où elle passa dans toute l'Italie. Au commencement du règne de Numa, la vigne n'était pas encore cultivée à Rome, et les libations, d'après Pline, ne se faisaient qu'avec du lait. Numa favorisa la culture de la vigne et enseigna à la tailler, et, pour mieux enseigner cette pratique, il voulut que les libations de vin ne fussent faites que d'un vin provenant de vigne taillée. C'est dans le département de l'Aisne, en France, que les premiers ceps de vigne furent plantés par ordre de l'empereur Probus, au IIIᵉ siècle. Aujourd'hui la France est une des contrées les plus vignobles et les crûs en sont très recherchés.

> Souvent de nos climats repoussé jusqu'à l'Ourse,
> Le redoutable hiver interrompant sa course,
> Tourne une tête affreuse et revient sur ses pas,
> Au milieu des beaux jours répandre les frimas ;
> Sa fureur à la terre enlève ses richesses,
> Et des rameaux naissants dévore les promesses.
> Le zéphyr est changeant, le printemps est trompeur.
> Craignez donc que la vigne, à fleurir trop pressée,
> Ne laisse épanouir son imprudente fleur.

Le premier vin qu'on a vanté en France est le vin de Suresnes. Aujourd'hui la quantité de nos crûs est innombrable.

Vigne blanche. Clématite odorante. — LIENS.

Par le surnom *flammula*, qui veut dire petite flamme, on indique la causticité de cette plante, et le feu qu'elle exciterait dans la bouche, si on l'y mettait. Quant au mot *clematis*, il est grec et signifie un petit sarment de vigne : effectivement cet arbre consiste en tiges grêles, longues de 4 à 5 mètres, sarmenteuses comme celles de la vigne ; comme elle encore, elle s'accroche au moyen de vrilles nombreuses et qui se tortillent, ce qui la rend propre à garnir des tonnelles et des berceaux. Si cette clématite ne fournit pas un ombrage épais, elle a au moins l'avantage de parfumer les lieux où on l'a plantée, par une multitude de grappes lâches, mais bien fournies de petites fleurs qui font un bel effet par leur blancheur et leur nombre.

Violette. — MODESTIE, TIMIDITÉ, PUDEUR.

Modeste en ma couleur, modeste en mon séjour,
Franche d'ambition, je me cache sous l'herbe ;
Mais si sur votre front je puis me voir un jour,
La plus humble des fleurs sera la plus superbe.

Poètes et moralistes ont célébré à l'envi cette aimable plante, dont ils ont fait l'emblème du mérite modeste ; et, en effet, qui pouvait mieux le représenter que la *violette*, si simple dans sa parure, si obscure dans sa couleur, à laquelle on ne ferait aucune attention si le parfum le plus suave ne la décelait? Elle croît naturellement dans nos bois, où elle ne pouvait être laissée. La culture, en augmentant le nombre et la douce odeur de ses fleurs, en a aussi accru le volume et changé les couleurs, qui sont le pourpre-rouge, le bleu-pâle, et le blanc; toutes ces variétés ont leurs sous-variétés à fleurs doubles ; toutes se propagent facilement par la division des touffes, et par la séparation des filets enracinés.

Je suis la simple violette,
Je fais le plaisir du printemps,
Je badine, je suis follette;
Profitez-en, jeunes amants.

Ne perdez pas ces doux instants,
  Gardez-vous bien d'attendre :
Pour me cueillir il n'est qu'un temps ;
  Heureux qui sait le prendre.

LA VIOLETTE.

Échappée au courroux funeste
De l'hiver qui vient d'expirer,
Enfin tu renais, fleur modeste,
Dont ma Laure aime à se parer !

Avant que la première feuille
Ait couronné les églantiers,
Avec quel plaisir je te cueille
Le long des champêtres sentiers !

Tu m'annonces, ô violette,
La cour brillante du printemps :

Tu parais, j'entends la fauvette ;
Et Zéphyre embellit nos champs.

La primevère sort de l'herbe,
Déployant ses grappes en fleur :
Que lui sert son luxe superbe ?
Elle n'a pas ta douce odeur.

Ta douce odeur plaît à Laurette ;
Elle aime ta sombre couleur ;
De ses lis, brune violette,
Tu fais ressortir la blancheur.

Sur les traces de ma bergère,
Naissez, croissez, aimables fleurs !
Puisque Laurette vous préfère,
La rose a perdu ses honneurs.

Volubilis. — CARESSES.

Plante grimpante assez commune dans nos haies. Nous l'avons semée dans nos jardins pour orner nos treillages et parer les rocailles de nos jardins-paysages. Sa fleur a la forme d'un cône renversé, d'un violet pourpre nuancé de rose et de blanc. Elles produisent un effet charmant par leurs couleurs et leur légèreté.

X

Xéranthème. — AMOUR POUR LA VIE, CONSTANCE.

L'Autriche nous a donné cette plante, qui tient

bien sa place dans nos jardins, où il faut la semer chaque année. Elle donne des variétés à fleurs rouges, d'autres à fleurs gris de lin, d'autres à fleurs tout à fait blanches. Toutes sont, aussi bien que leurs tiges, d'une nature peu succulente (ainsi que l'exprime leur nom composé du grec et qui signifie *fleur sèche*), ce qui fait qu'elles se conservent fort longtemps sans se flétrir; pour cette raison, on les appelle encore *immortelles.*

Ce sont ces fleurs qui, présentées à la vapeur d'un acide, prennent une teinte claire et si belle de cramoisi; dans cet état on les fait entrer dans les bouquets d'hiver.

Ximénésie. — ATTENTE, ESPOIR.

Cette plante nous vient du Mexique. Sa tige a de trois à quatre pieds, ses feuilles sont ovales, dentées en scie. En juin elle donne de jolies fleurs jaunes, moyennes, et nombreuses. C'est une variété du *zinnia* du Mexique.

Y

Yucca. — GRANDEUR, NOBLESSE.

A l'apparence de ces sortes de plantes, on juge

facilement qu'elles sont étrangères. Dans le fait
elles consistent d'abord en un groupe arrondi et
symétrique de feuilles assez fermes, longues, droites, faites et pointues comme des épées. Leur
nombre s'augmente en poussant du milieu, tandis
que celles du bas se flétrissent. En tombant, elles
laissent leurs traces sur la souche qui s'élève insensiblement. Lorsque celle de l'yucca nain a at-
teint la hauteur d'environ un mètre, il pousse du
milieu de ses feuilles une tige nue, qui sert de
soutien quelquefois à plus de deux cents fleurs
renversées, blanches, teintées de rose, faites
comme des tulipes et aussi grosses. Cet arbre, qui
nous vient du midi de la Caroline, peut être ris-
qué en pleine terre, mais à une bonne exposition;
il est plus sûr de le tenir en caisse et de le rentrer
l'hiver.

Z

Zéphyrante. — INCONSTANCE.

Cette plante est originaire de la Havane. Le
zéphyrante ou fleur de zéphir n'est cultivé en
France que depuis quelques années. On lui a sans
doute donné ce nom parce que son feuillage léger
et ses charmantes fleurs, portées sur de faibles

hampes, se balancent et s'agitent au moindre souffle caressant du zéphyr. Cette fleur est le symbole de l'*inconstance*.

Zinnia. — TENEZ-VOUS SUR VOS GARDES.

On a eu de la Louisiane cette plante assez belle, que chaque année on sème de bonne heure à l'abri pour la repiquer ensuite à bonne exposition, lorsque les froids ne sont plus à craindre. Bientôt elle donne abondance de fleurs radiées, assez grandes, d'un beau rouge de sang, et qui ont l'avantage dé se succéder longtemps et de conserver leur couleur jusqu'après la maturité de leurs graines. Le zinnia est un des plus beaux ornements de nos bouquets, car, après ceux que nous décrivons, il y en a de nombreuses variétés qui font concurrence aux dahlias, tant par leur couleur que par leur élégance.

FIN

PARIS. — IMPRIMERIE ÉMILE MARTINET, RUE MIGNON, 2.